大型彩虹毯钩织

步步分明，织就缤纷彩虹毯

［英］阿曼达·珀金斯 著 李玉珍 译

河南科学技术出版社
·郑州·

献词

谨以此书献给我生命中的三位女士，她们教导我，并激发我的灵感。其中有我的祖母和母亲——很不幸都去世了——我确信她们一定会赞赏我，因我而感到骄傲。还有我敬爱的帕德阿姨，她至今还在做针线活，创作新作品，启发我的灵感。

鸣谢

瓦莱丽是我的技术编辑，也是我的朋友，感谢她的鼓励与建议，以及永无止境的支持。

特别感谢我的丈夫菲尔和女儿黛西无止境的爱与鼓励——他们一开始就鼓励我出书，觉得这个主意不错，现在已见成果。

感谢菲利斯和弗雷德塑造了我，他们始终和有轻微强迫症且精神有点错乱的妈妈一起快乐地生活。感谢我的父亲和家庭的其他成员，感谢他们的忍耐，他们虽然一直不理解，却总是在一旁不断支持我。

感谢来自The King Goddess（编织女神，英国一家本土手染线公司）的乔伊，替我的色环染了些色彩。

最后，谢谢我家三个小动物——它们完全不知道我在做什么，却在我编织十条毯子的那段孤独漫长的岁月中默默地陪伴我，和我“聊天”。

Rainbow Crocheted Blankets:
First Published in Great Britain 2016 Search Press Limited Wellwood, North Farm Road, Tunbridge Wells, Kent TN2 3DR

Photographs by Roddy Paine Photographic Studio

备案号：豫著许可备字-2017-A-0009

图书在版编目（CIP）数据

大型彩虹毯钩织 / (英) 阿曼达·珀金斯著；李玉珍译. —郑州：河南科学技术出版社，2021.6
ISBN 978-7-5725-0430-3

Ⅰ. ①大… Ⅱ. ①阿… ②李… Ⅲ. ①毛毯－钩针－编织－图集 Ⅳ. ①TS935.521-64

中国版本图书馆CIP数据核字（2021）第090846号

出版发行：河南科学技术出版社
地址：郑州市郑东新区祥盛街27号　　邮编：450016
电话：（0371）65737028　　65788613
网址：www.hnstp.cn
策划编辑：刘　欣
责任编辑：刘淑文
责任校对：马晓灿
封面设计：张　伟
责任印制：张艳芳
印　　刷：河南瑞之光印刷股份有限公司
经　　销：全国新华书店
开　　本：889 mm × 1194 mm　1/16　　印张：8　　字数：200千字
版　　次：2021年6月第1版　　2021年6月第1次印刷
定　　价：59.00元

如发现印、装质量问题，影响阅读，请与出版社联系并调换。

目录

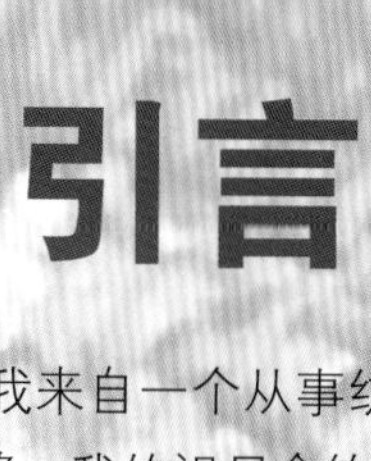

引言

我来自一个从事纺织品业历史悠久的家庭：我的曾祖母和她的母亲都是裁缝；我的祖母会钩会织，甚至还会自己制作地毯，我的祖父则是位家具装饰家，二战时期曾经为飞艇接机翼——据传闻他还会用钩针。我的母亲和姨妈的衣服都是她们自己缝制的，她们不做裁缝的时候就钩钩织织！

我在一所艺术学院取得文凭，专业是纺织品（注：英国专业设置）；我的毕业设计是一条巨大的棒针编织配色花样斗篷，其灵感来自阿兹特克人的图案（注：阿兹特克人为14~16世纪居住在墨西哥一带的印第安人）。在这之后，我花了数年时间制作拼布被子，但和具体制作相比，我对色彩和形状更感兴趣，因此我从未真正掌握好绗缝技巧。后来，我缝制的被子成了拼布艺术品，接着成了刺绣艺术品，在世界各地的展览会和画廊展出。最后我决定自己染布和缝纫线——我支付不起化学染料的费用，因此我用自己花园和灌木篱笆中的植物作为染料。我染了太多，便在网络上出售。一个朋友建议我试验染绒线，结果非常成功，因此我也在网络上卖线。不久这项事业便成为我的专职工作，天然染色工作室（The Natural Dye Studio，缩写为NDS）便由此诞生了。

从我开始记事起，我就会用钩针，但直到我开始经营NDS后，才开始认真钩织，因为我需要钩织一些作品来推销我的线。但现在，我兜了一圈，又回到了起点：成功经营这份事业数年后，我放弃染色，这样我就能回到我最初的爱好——玩绒线、玩钩针。

我的灵感来自许多地方，很难界定每条毯子的唯一灵感来源。每条毯子的灵感都包含好几个组成部分：大部分来自我对纺织品的热爱以及我的家庭传统，但也有一些是与我个人有关的，例如我去过的地方，我所经历的事情，我和我的家庭居住的地方，等等。我通常先从把弄线开始，然后试着配色和确定形状。我对几何图案很着迷，喜欢探索不同形状的拼接方法。一般完成数个织片后考虑自己喜欢的排列位置时，灵感就来了——这样能帮助我确定如何排列颜色。我一边制作一边设计，所以毯子开始制作时设计还只是方格纸上的草图。在确定最终设计前，我都在不停地修改。常常到头来拆掉所有与毯子整体不协调的部分。

绒线本身对我的设计也有影响。我喜欢天然纤维，喜欢天然纤维在我手中的质感。不管是奢华艳丽柔软的真丝，还是质朴的羊毛，每种纤维都有自己的特色——我都喜欢。我发现如今的许多设计不重视绒线的种类，不注重绒线的特点，而更加关注颜色和预算。即使你只能负担得起一团高档线，我也建议你试下不同品种的绒线——这足够建立一整套的颜色系列。我更喜欢用4股线，和DK（8股）线或者更粗的绒线相比，这样可以制作更细腻的图案——在相同面积里，我可以使用更多的颜色。我尽可能使用多种颜色，因为我喜欢多种颜色创造出来的深层次的细节和趣味。这便意味着毯子有许多线头，所以一边钩织一边系线头就非常必要。系线头是编织过程的一部分——我发现系线头好似在冥想，因为不需要考虑设计，只是单纯地重复，非常舒缓。这样也能练习用另外一个手势持钩针，避免用同一持钩针的手势让手感到酸痛。

制作本书中的毯子，我有几条建议：首先要将制作毯子作为一项探险活动。制作出一条完全和我一样的毯子几乎是不可能的——相反，你会创造出属于自己的独一无二的版本。因此要对自己选择的颜色充满信心。如果还担心的话，颜色可以尽可能接近色环，但不用太过于担心会出错。请记住，每个花片只是一小块拼图——如果一开始错了，就再试。你只需要重新制作这一小块拼图即可，不用重新制作整个作品。如果制作好的毯子与原图稍微有点不同，没有关系，只要自己喜欢就好。不用担心需要花多长时间：如果要花2年时间制作一条毯子也没关系，完工的时候你便可以休闲一下，享受创造杰作后的成就感。最后，我最重要的建议是：请乐在其中，享受过程吧！

颜色系列

本书中的每条毯子都用彩虹颜色系列的绒线制成。我的彩虹颜色系列出自天然染色工作室。我经常用这些颜色——这些颜色与传统的彩虹颜色不同，因天然染料染出来的颜色种类受植物染料的限制，好几种颜色都染不出来，比如红色。天然染料的颜色不饱和，比较淡。

NDS彩虹颜色系列

可根据NDS的彩虹颜色系列选择自己的颜色系列。

金色

绿色

碧蓝色

靛蓝色

紫罗兰色

玫瑰色

橙色

使用色环

我建议你一开始用一套天然色系作为自己的颜色系列，但如果你特别喜欢鲜亮明快的颜色，那就没必要这么做——也许你已经收集一些自己喜欢的颜色了。出于这种考虑，我将彩虹颜色做了扩展，增加了一些颜色，使各个颜色过渡更自然，见左边的色环。我发现色环非常实用，在准备设计、选择颜色的时候，可以看出不同颜色之间的搭配效果。许多公司都有销售小绞的绒线组合，这也非常实用。可以参考我的色环的排列顺序来排列你的绞线，不仅可以看各种颜色的搭配合适与否，也可以看出缺少哪些颜色。

我只用纯色或者半纯色线，因为我发现段染线颜色比较杂，使得钩针织物颜色不协调。如果你想用段染线，请确保选择颜色比较相近的绞线。

色密度

本书中的毯子使用的绒线色彩浓淡相近，融合得很协调。如果你希望做一些改变，则须考虑到色彩搭配的问题。我建议不要在一条毯子上混合深色线和浅色线——整条毯子尽量用相同色密度的线。选择颜色时，判断一种颜色太深还是太浅的最好方法是将所有颜色放在一起，然后眯着眼看——当你的眼睛没有集中在某个特定颜色时，就很容易看出哪个颜色太亮、哪个颜色太暗。

当然，这些只能作为参考，如果你有更喜欢的绒线和颜色组合，大胆去试。为什么不先钩几块简单的花片并连接起来，看这些颜色实际排列起来的效果呢？

我的颜色系列

下图是本书大部分颜色的小样以及名称。有些颜色只在一款毯子中出现，比如苔藓色；有些颜色则用在大多数毯子中，比如玫瑰色。

材料和工具

线材

我没有给每款毯子单独规定具体的绒线，而是推荐你用剩余的线钩毯子。甚至在经营天然染色工作室（NDS）时，我从未使用同一缸号的绒线来钩一条毯子，而是挑选自己喜欢的颜色的单绞线，然后组合到毯子中——部分原因也在于一次性从NDS中拿出2kg的绒线不可行。我喜欢混合不同缸号和不同种类的绒线钩出来的毯子的色彩和质地。

所以我建议你建立自己的颜色系列——以现有的颜色开始，然后再增加颜色（也就是，除非你已经为一款毯子攒了足够多的颜色库存，否则就可以按照我的建议来做）。你可以选择同一个品牌的同一种绒线，也可以用从各地买来的不同种类的绒线。我所推荐的线都是我已经测试过并已经用过了的；其中一些品牌的颜色非常丰富，如果你坚持用单一品牌的线的话，用这些品牌的颜色丰富的绒线来建一整套的颜色库是可行的。我选择的品牌满足大多数预算；你可以选择只在英国出售的本土品牌奢华线，也可以选择在世界各地都能买得到的更加商业化的品牌线。

我的毯子只采用天然纤维线；我自认为在绒线方面是个极为挑剔的人，制作毯子我最喜欢用羊毛线、真丝羊毛线、羊驼线、真丝羊驼线。牧羊业是我居住的区域的主要产业，因此我觉得能支持当地的养殖业很重要。天然纤维线很高雅，富有生命气息。不同品种的羊有不同的特质，其羊毛的颜色深度和质地是其他合成纤维绒线中难以找到的。如果你准备花大量时间制作一款传家宝式的毯子，我坚信它值得你花大价钱购买最好的线来制作。

也可以用超耐洗羊毛线——这种羊毛线放在洗衣机里洗涤也不会毡化——不过我更喜欢非超耐洗的绒线，因为这种绒线没有经过那么多加工工序。机洗一种绒线前，请一定先机洗小样测试一下。我不喜欢用棉线，因为大多数棉线也是经过许多道化学工序的，不环保。如果你喜欢用棉线，可以试下加工工序环保的有机棉线。预算是许多人关心的，只要粗细合适，任何一种线都可以用，但用之前记得先钩个小样测试下它们是否能搭配。

推荐用线

以下品牌的绒线我都测试过；它们的粗细大体相同，可以在同一条毯子上使用。

我推荐的4股线的长度为400m/100g
使用钩针的型号为3mm、3.25mm或3.5mm（相应的英制型号为11号、10号或9号）

英国本土品牌

Skein Queen
· Selkino（70%美丽诺羊毛/30%真丝）
· Lustrous（50%美丽诺羊毛/50%真丝）

John Arbon Textiles
· Exmoor Sock（85%埃克斯穆尔蓝脸羊毛/15%尼龙）
· Knit by Numbers 4股（100%美丽诺羊毛）
· Harvest Hues（65%福克兰美丽诺羊毛/35%Zwartbles羊毛）

Easyknits
· Splendour（55%蓝脸莱斯特羊毛/45%真丝）

The Little Grey Sheep
· Stein 4股（100%哥特兰、设得兰和美丽诺羊毛）

世界其他商业品牌

Drops
· Alpaca（100%羊驼毛）
· Alpaca/Silk（70%羊驼毛/30%真丝）
· Fabel（75%羊毛/25%聚酯纤维）

Fyberspates
· Vivacious 4股（100%美丽诺羊毛）
· Scrumptious 4股（45%真丝/55%美丽诺羊毛）

Cascade
· 220 Fingering（100%秘鲁高原羊毛）
· Heritage Silk（85%美丽诺羊毛/15%真丝）

Knit Picks
· Palette（100%秘鲁高原羊毛）

Madelinetosh
· Tosh Merino Light（100%美丽

我推荐的DK（8股）或Sport绒线的长度为240~250m/100g
使用钩针的型号为4mm或4.5mm（相应的英制型号为8号或7号）

英国本土品牌

John Arbon Textiles
· Knit by Numbers DK（100%美丽诺羊毛）
· Viola（100%美丽诺羊毛）

世界其他商业品牌

Cascade
· 220 Sport（100%秘鲁高原羊毛）

Fyberspates
· Vivacious DK（100%美丽诺羊毛）

Yarn Stories
· Merino DK（100%美丽诺羊毛）
· Merino/Alpaca DK（70%羊毛/30%羊驼毛）

Knit Picks
· Wool of the Andes Sport（100%秘鲁高原羊毛）

钩针

制作毯子时，选择合适型号的钩针很重要，因为它不仅要与绒线的粗细相适应，也要适合你持针的手势。钩毯子需要花很长时间，手和手腕可能会酸痛，因此你需要挑选一根使用起来很舒服的钩针。我更喜欢金属钩针，但金属会比较凉，因此我用的金属钩针是带塑料手柄的。市场上有许多按人体工程学设计的钩针，钩起来特别舒服。这种钩针能改变你的手势，因而能最大限度地减少酸痛；不过，持针有好几种方法。我持针的手势与握铅笔一样，用人体工程学设计的钩针反而不舒服，因此在购买钩针前一定要试一下。如果你的手非常酸痛，就必须换钩针，有时换不同角度钩酸痛会好转。钩针型号对照表见128页。

毛线缝针

藏线头时，我没用钝头缝针，而是用雪尼尔缝针——这种缝针针头更尖，针鼻也更细。针鼻不能太细，要不会很难穿线。

基础技法

针法

我的毯子只用基础针法制作——因为这些毯子只要展现色彩和形状，不需要复杂的针法和高难度的技法。本书用的术语都是英国钩针术语；英国、美国钩针术语对照表见128页。

密度

虽然每个作品都会列出花片的尺寸，要得到相同的尺寸并不是非常关键——不管你的毯子比我的大一点还是小一点都没有关系。但是你得注意自己的针目不能太紧，也不能太松，而且整个毯子的针目要均匀。如果针目太紧，成品会比较硬，不柔软；如果针目太松，成品就会软塌塌的。

我用3mm的钩针（英制11号）钩4股线，4mm的钩针（英制8号）钩DK（8股）线。我的手劲比较松，所以你的钩针得大一两号，才能与我的密度相近。钩织新手通常比较心急，针目会比较紧——可以试不同型号的钩针，以达到合适的密度。

连接花片

所有的毯子都由钩好的花片连接起来。我是边钩好花片边连接，而不是所有花片钩好后，再连接起来。并且我用钩完花片最后一圈的线头来连接——这样能保证用相同颜色的线来连接，可以和毯子的整体颜色相协调。边钩好花片边连接也更容易遵循分步骤说明。

可以用钩针或者缝针连接花片——我用引拔针连接。将两块花片正面相对，将正在钩的花片放在上面，用引拔针或者缝针连接花片每条边。要确保用引拔针或者缝针缝合三角形、四边形、五边形花片的各个转角时，由圆弧角度产生的空隙也要缝合上。如果毯子有填充口，填充口的地方要空着，只要将边连接起来即可。

藏线头

不要等到毯子钩完后再藏线头，否则到头来你要花上好几天的时间来藏。我是每天开始钩之前先藏线头——藏线头是钩织的一部分，如果只有几块花片的话，藏线头花不了多少时间。我更喜欢藏好所有线头，这样能紧密连接花片和缝线，使它们更加牢固。为确保线头不会松开，可以从织物的背面朝一个方向在针目的下面缝。然后缝针转回到刚缝的地方再缝回去。这样可能会使毯子有一点鼓起来，但下水后会变平整，并且鼓的地方不易察觉。

饰边

我的很多毯子都没有饰边，因为我喜欢看整个毯子一直到边的颜色变化效果。加饰边的毯子一般加两行短针或者中长针。加饰边时，需要在针目之间的空隙内钩。钩到转角的时候，要在2个针目之间钩2针锁针——转角就是这么处理的，因而不会卷曲。如果是凹进去的角，则须跳过每个花片的最后一针——这样能使凹进去的角连接更加紧密，而不会裂开。

定型

因花片是边钩边连接的，所以在制作毯子的过程中我通常不定型花片。花样中列出的花片尺寸是洗后晾干的尺寸：即先钩一个花片小样，然后下水，并晾干、整平，这样就可以大概知道毯子成品的尺寸了。

因毯子通常都非常大，我不定型毯子，但我一定进行洗涤。洗毯子能整理针目，使其排列整齐。将毯子浸在洗脸盆内，然后用那种开口在上的老式甩干机甩掉尽可能多的水。如果你没有甩干机，可以用洗衣机设定最短甩干时间来甩干——这对于棉线、真丝线或者超耐洗羊毛线来说是没问题的；你还需要看下厂商对腈纶材质的洗涤和甩干说明。在清洗整个毯子之前，我建议你先洗一块小样测试一下。洗好的毯子可在阳光下晒，也可以在室内地板上晾干。我从本地的慈善商店买了两床床罩——把床罩铺在地板上，然后在上面铺上毯子晾干。

作品编织

如何使用本书

我的一些设计看上去好像相当复杂，但其实是由许多简单的花片组成的，实际上非常简单。过去，人们认为钩针编织就是为了充分利用棒针织剩的线，因此祖母方格是唯一可用的花片……但情况正在改变！如今有许多了不起的钩针设计师，随之而来的是随处可见的商店里都有钩针讲习班，越来越多的钩针新手通过网络学习钩针基础课程。在大量钩针初学者中，许多人都努力学习传统的钩针花样文字说明。我希望能鼓励他们探索钩针世界，因此我开发了一种简单的图解模式。我写的图解比你通常看到的更长：我希望我的图解合乎逻辑，易于理解，这样每个人，包括初学者都有信心学下去。

作品的设计与制作

每个作品都包含这些内容：成品尺寸，钩针型号，绒线说明（包括推荐的绒线清单）。我还列出整个毯子的配色图，这样可以大概了解整个毯子的结构。每款毯子都由许许多多简单的花片构成。每个花片我都列出文字说明和针法符号图解，以及该花片的图片。另外，我还在17页举了一个花片文字说明及其针法符号图解的例子，并有针法符号的解释。

掌握花片以后，就需要参考颜色分布说明，从中可得知每种花片需要钩的数量。该说明包含花片每圈的颜色，以及某种颜色顺序的花片的数量。颜色分布说明里面列出的花片数量与连接方法的分步骤说明对照，这样能帮助你一步一步地做出毯子。书中也有许多精美的毯子图片，以展示成品的效果。最后，每款作品都有两种配色变化版本——你可以大胆地尝试。

如何读懂图解

一个针法符号图解就是一款花片的图纸，像一张地图一样排列着针法符号。每一种针法都有它自己的符号。不像针法术语，针法符号是通用的：只要你明白符号的意思，你甚至不需要了解针法的名字，只要知道如何钩就可以了。见右边的针法符号说明。

我还完整地写出每圈其中一条边的文字说明，而且总是从一个角开始，到下一个角结束。在多数情况下，其余边只要重复该边的针法即可。对于正方形来说，你需要再重复3次，六边形需要再重复5次，三角形则需要再重复2次，然后才回到一圈的开始处。

针法符号

- • 引拔针，sl st
- X （英国）短针，dc
- ○ 锁针，ch
- （英国）长针，tr
- （英国）中长针，htr
- （英国）长长针，dtr

针法符号图解

右边是一个六边形花片图解，第5圈第一条边标为深绿色。下面我列出最后一圈的文字说明——包含深绿色部分以及该圈剩余部分的文字说明——这样你可以想象这个花片是怎么钩的。

你可以看出花片的每圈都以一组锁针开始。这些针目的高度与它们所代替的针法高度相同，例如，2针锁针与1针中长针的高度相同，3针锁针与1针长针的高度相同。因此花样的文字说明写成“2针锁针（作为1针中长针）”。锁针只在花片的第一条边中使用——其余各边以实际的针法开始。

从2针锁针开始，其高度与1针中长针相同，向左钩，完成六边形的第一条边。

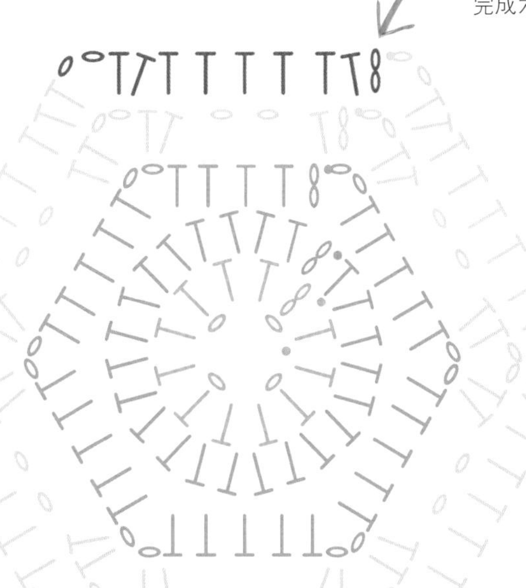

请注意！

我所有的花片都要从针目之间的空隙内钩，而不是从实际的针目里钩。

第5圈，深绿色部分：钩2针锁针（作为1针中长针），在该处再钩1针中长针，*在下1个空隙内钩1针中长针，在2针锁针处钩3针中长针，在下1个空隙内钩1针中长针，在2针锁针形成的角处钩（2针中长针，2针锁针**，2针中长针）*。

第5圈剩余部分：重复*之间的内容5次，最后1次重复在**处结束。用引拔针连接头2针锁针中的第2针锁针。断线。

麦田怪圈

我对圆形图案很着迷，并喜欢用圆形元素来设计图案。其中麦田怪圈就是一个应用圆形图案的例子，也是我灵感的巨大来源——不管你认为麦田怪圈是人为的还是由未知实体制作的。我更喜欢这种古老而简单的图案；现在不少图案都非常复杂。农夫们一定很痛恨他们的农作物遭到破坏，但麦田怪圈制造者的贡献应该受到赞美——他们在黑夜的掩护下制造麦田怪圈并确保其完好无损一定很困难。这款毯子的金色背景代表着麦田的颜色，麦田怪圈则出现在金色的麦田上。[注：麦田怪圈是在麦田或其他田地上，通过某种未知力量（有些怪圈是人类所为）把农作物压平而产生的几何图案。]

成品尺寸

180.5cm×190.5cm（英制特大尺寸）

钩针型号

3mm或3.25mm（英制11号或10号）

绒线类型

4股线：360m/100g

绒线说明

我用制作其他作品时剩余的零线来制作这款作品。如果你更喜欢买新线，可以考虑选择下面的绒线品牌，但不一定要用相同的染色缸号。

英国本土品牌

Skein Queen：Selkino, Lustrous
John Arbon Textiles：Exmoor Sock，Knit by Numbers 4股
Easyknits：Splendour
The Little Grey Sheep：Stein 4股

世界其他商业品牌

Drops: Alpaca，Alpaca/Silk
Fyberspates: Vivacious 4股
Cascade: 220 Fingering，Heritage Silk
Knit Picks: Palette

色环

这款作品只用一种基础正方形花片，这些花片用6种不同颜色变化而成。颜色分布说明详见23页。

金色：1500g

橙色：100g

洋红色：100g

玫瑰色：100g

淡紫色：100g

红醋栗色：100g

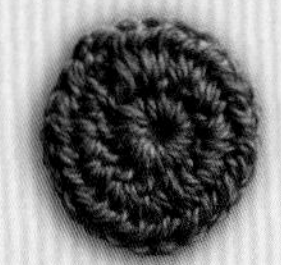
靛蓝色：100g

碧蓝色：200g

绿色：100g

秋香绿色：100g

组合

连接：把钩好的正方形花片用引拔针或者其他针法在各边连接起来。在每个花片每条边上针目之间相对应的空隙内钩。

饰边：钩2行短针。

配色图

这幅图旨在让你对毯子的结构以及颜色搭配有个大概了解。24页和25页还分步骤详细说明了毯子花片的连接方法。下图最显眼的颜色是金色，但你不一定要用和我一样的颜色。可参考26页和27页的另外两幅配色变化图。

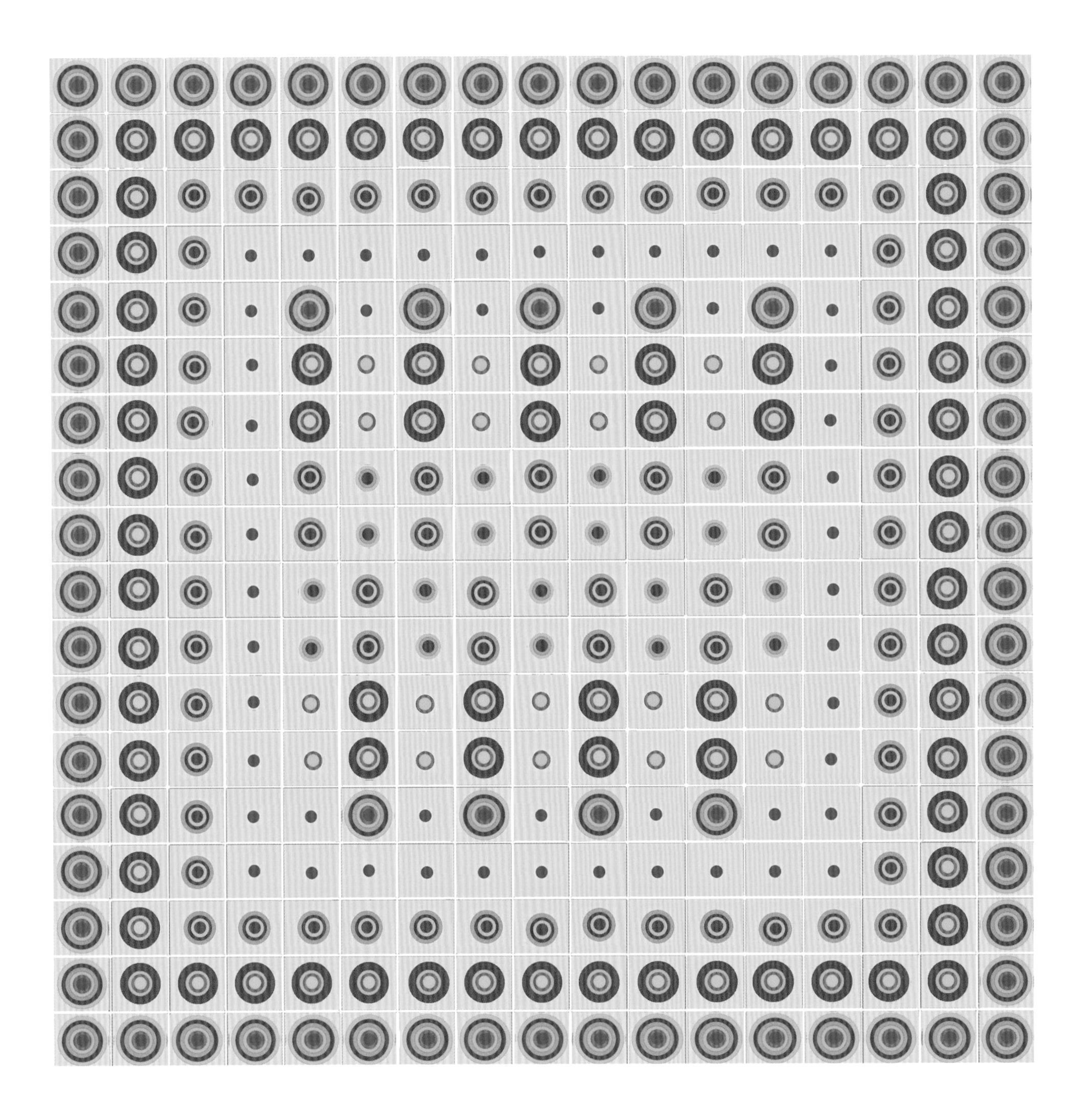

正方形花片

10cm×10cm

用色线1钩5针锁针，并用引拔针连成一个环。

第1圈：钩2针锁针（作为1针中长针），在环上钩9针中长针。用引拔针连接头2针锁针中的第2针（共10针中长针）。断线。

第2圈：在本圈以及以下各圈中，在之前一圈针目之间的空隙内钩。在任一空隙内接上色线2，钩2针锁针（作为1针中长针），在该空隙内再钩1针中长针，*在下1个空隙内钩2针中长针*。重复*之间的内容8次。用引拔针连接头2针锁针中的第2针（共20针中长针）。断线。

第3圈：在任一空隙内接上色线3，钩2针锁针（作为1针中长针），在该空隙内再钩1针中长针，在下1个空隙内钩1针中长针，*在下1个空隙内钩2针中长针，在下1个空隙内钩1针中长针*。重复*之间的内容8次。用引拔针连接头2针锁针中的第2针（共30针中长针）。断线。

第4圈：在任一空隙内接上色线4，钩2针锁针（作为1针中长针），在该空隙内再钩1针中长针，在下2个空隙内各钩1针中长针，*在下1个空隙内钩2针中长针，在下2个空隙内各钩1针中长针*。重复*之间的内容8次。用引拔针连接头2针锁针中的第2针（共40针中长针）。断线。

第5圈：在任一空隙内接上色线5，钩2针锁针（作为1针中长针），在该空隙内再钩1针中长针，在下3个空隙内各钩1针中长针，*在下1个空隙内钩2针中长针，在下3个空隙内各钩1针中长针*。重复*之间的内容8次。用引拔针连接头2针锁针中的第2针（共50针中长针）。断线。

第6圈：在任一空隙内接上色线6，钩2针锁针（作为1针中长针），在该空隙内再钩1针中长针，在下4个空隙内各钩1针中长针，*在下1个空隙内钩2针中长针，在下4个空隙内各钩1针中长针*。重复*之间的内容8次。用引拔针连接头2针锁针中的第2针（共60针中长针）。断线。

第7圈：在任一空隙内接上色线7，钩4针锁针（作为1针长长针），在该空隙内再钩1针长长针（这便形成角的一边），*在下1个空隙内钩1针长长针，在下2个空隙内各钩1针长针，在下2个空隙内各钩1针中长针，在下4个空隙内各钩1针短针，在下2个空隙内各钩1针中长针，在下2个空隙内各钩1针长针，在下1个空隙内钩1针长长针，在下1个空隙内钩（2针长长针，2针锁针**，2针长长针）（这就形成一个角）*。重复*之间的内容3次，最后1次重复在**处结束。用引拔针连接头4针锁针中的第4针。

第8圈：在2针锁针形成的角处钩1针锁针（作为1针短针），*在下17个空隙内各钩1针短针，在2针锁针形成的角处钩（1针短针，2针锁针**，1针短针）*。重复*之间的内容3次，最后1次重复在**处结束。用引拔针连接第1针锁针。断线。

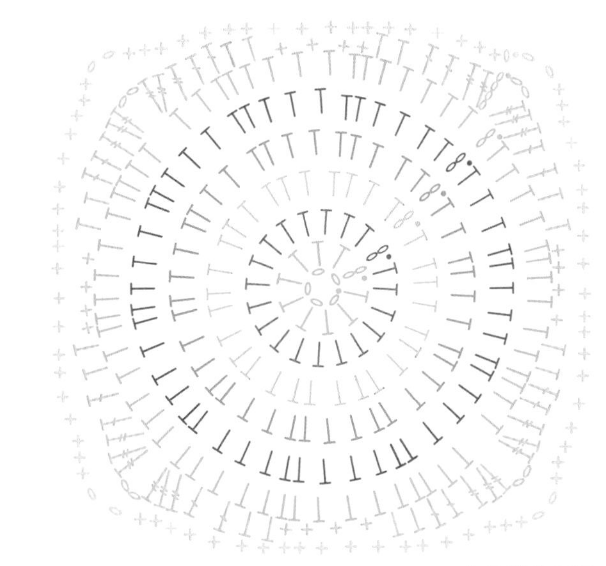

花片针法图解

颜色分布说明

※此处出现的颜色不局限于本书色环。

花片	第1圈	第2圈	第3圈	第4圈	第5圈	第6圈	第7、8圈
1：51个	橙色、洋红色、玫瑰色、淡紫色、红醋栗色、靛蓝色、碧蓝色、绿色或者秋香绿色	金色	金色	金色	金色	金色	金色
2：18个	橙色、洋红色、玫瑰色、淡紫色、红醋栗色、靛蓝色、碧蓝色、绿色或者秋香绿色	橙色、洋红色、玫瑰色、淡紫色、红醋栗色、靛蓝色、碧蓝色、绿色或者秋香绿色	金色	金色	金色	金色	金色
3：18个	橙色、洋红色、玫瑰色、淡紫色、红醋栗色、靛蓝色、碧蓝色、绿色或者秋香绿色	橙色、洋红色、玫瑰色、淡紫色、红醋栗色、靛蓝色、碧蓝色、绿色或者秋香绿色	橙色、洋红色、玫瑰色、淡紫色、红醋栗色、靛蓝色、碧蓝色、绿色或者秋香绿色	金色	金色	金色	金色
4：68个	橙色、洋红色、玫瑰色、淡紫色、红醋栗色、靛蓝色、碧蓝色、绿色或者秋香绿色	橙色、洋红色、玫瑰色、淡紫色、红醋栗色、靛蓝色、碧蓝色、绿色或者秋香绿色	橙色、洋红色、玫瑰色、淡紫色、红醋栗色、靛蓝色、碧蓝色、绿色或者秋香绿色	橙色、洋红色、玫瑰色、淡紫色、红醋栗色、靛蓝色、碧蓝色、绿色或者秋香绿色	金色	金色	金色
5：76个	橙色、洋红色、玫瑰色、淡紫色、红醋栗色、靛蓝色、碧蓝色、绿色或者秋香绿色	橙色、洋红色、玫瑰色、淡紫色、红醋栗色、靛蓝色、碧蓝色、绿色或者秋香绿色	橙色、洋红色、玫瑰色、淡紫色、红醋栗色、靛蓝色、碧蓝色、绿色或者秋香绿色	橙色、洋红色、玫瑰色、淡紫色、红醋栗色、靛蓝色、碧蓝色、绿色或者秋香绿色	橙色、洋红色、玫瑰色、淡紫色、红醋栗色、靛蓝色、碧蓝色、绿色或者秋香绿色	金色	金色
6：75个	橙色、洋红色、玫瑰色、淡紫色、红醋栗色、靛蓝色、碧蓝色、绿色或者秋香绿色	橙色、洋红色、玫瑰色、淡紫色、红醋栗色、靛蓝色、碧蓝色、绿色或者秋香绿色	橙色、洋红色、玫瑰色、淡紫色、红醋栗色、靛蓝色、碧蓝色、绿色或者秋香绿色	橙色、洋红色、玫瑰色、淡紫色、红醋栗色、靛蓝色、碧蓝色、绿色或者秋香绿色	橙色、洋红色、玫瑰色、淡紫色、红醋栗色、靛蓝色、碧蓝色、绿色或者秋香绿色	橙色、洋红色、玫瑰色、淡紫色、红醋栗色、靛蓝色、碧蓝色、绿色或者秋香绿色	金色

麦田怪圈花片的连接方法

1 选取1个花片1、2个花片2、2个花片3、2个花片4、2个花片5和1个花片6，按照图中的排列顺序用引拔针连接各个花片，从而形成中间列。

2 选取2个花片1、4个花片2、4个花片3、4个花片4、4个花片5和2个花片6，一次排一列，用引拔针连接各个花片，分别排在中间列的两边。

3 选取6个花片1、12个花片2、12个花片3、12个花片4、12个花片5和6个花片6，按照步骤2的方法，一次排一列，用引拔针连接各个花片。

6
5
5
4
4
3
3
2
2
1

步骤1

1	6	1
2	5	2
2	5	2
3	4	3
3	4	3
4	3	4
4	3	4
5	2	5
5	2	5
6	1	6

步骤2

6	1	6	1	6	1	6	1	6
5	2	5	2	5	2	5	2	5
5	2	5	2	5	2	5	2	5
4	3	4	3	4	3	4	3	4
4	3	4	3	4	3	4	3	4
3	4	3	4	3	4	3	4	3
3	4	3	4	3	4	3	4	3
2	5	2	5	2	5	2	5	2
2	5	2	5	2	5	2	5	2
1	6	1	6	1	6	1	6	1

步骤3

4 现已完成中间部分，你可以开始按圈加后续的花片，边加边按圈连接。选取42个花片1，用引拔针连接成第1圈。

5 选取50个花片4，用引拔针连接成第2圈。

6 选取58个花片5，用引拔针连接成第3圈。

7 选取66个花片6，用引拔针连接成第4圈。

8 最后以2行短针饰边结束。

6	6	6	6	6	6	6	6	6	6	6	6	6	6	6	6	6
6	5	5	5	5	5	5	5	5	5	5	5	5	5	5	5	6
6	5	4	4	4	4	4	4	4	4	4	4	4	4	4	5	6
6	5	4	1	1	1	1	1	1	1	1	1	1	1	4	5	6
6	5	4	1	6	1	6	1	6	1	6	1	6	1	4	5	6
6	5	4	1	5	2	5	2	5	2	5	2	5	1	4	5	6
6	5	4	1	5	2	5	2	5	2	5	2	5	1	4	5	6
6	5	4	1	4	3	4	3	4	3	4	3	4	1	4	5	6
6	5	4	1	4	3	4	3	4	3	4	3	4	1	4	5	6
6	5	4	1	3	4	3	4	3	4	3	4	3	1	4	5	6
6	5	4	1	3	4	3	4	3	4	3	4	3	1	4	5	6
6	5	4	1	2	5	2	5	2	5	2	5	2	1	4	5	6
6	5	4	1	2	5	2	5	2	5	2	5	2	1	4	5	6
6	5	4	1	1	6	1	6	1	6	1	6	1	1	4	5	6
6	5	4	1	1	1	1	1	1	1	1	1	1	1	4	5	6
6	5	4	4	4	4	4	4	4	4	4	4	4	4	4	5	6
6	5	5	5	5	5	5	5	5	5	5	5	5	5	5	5	6
6	6	6	6	6	6	6	6	6	6	6	6	6	6	6	6	6

步骤4~7

配色变化1　※此处出现的颜色不局限于本书色环。

在这个配色版本中，我将背景色变成深紫色，
并选用大量色彩绚丽的浆果色系和蓝色系中的颜色。

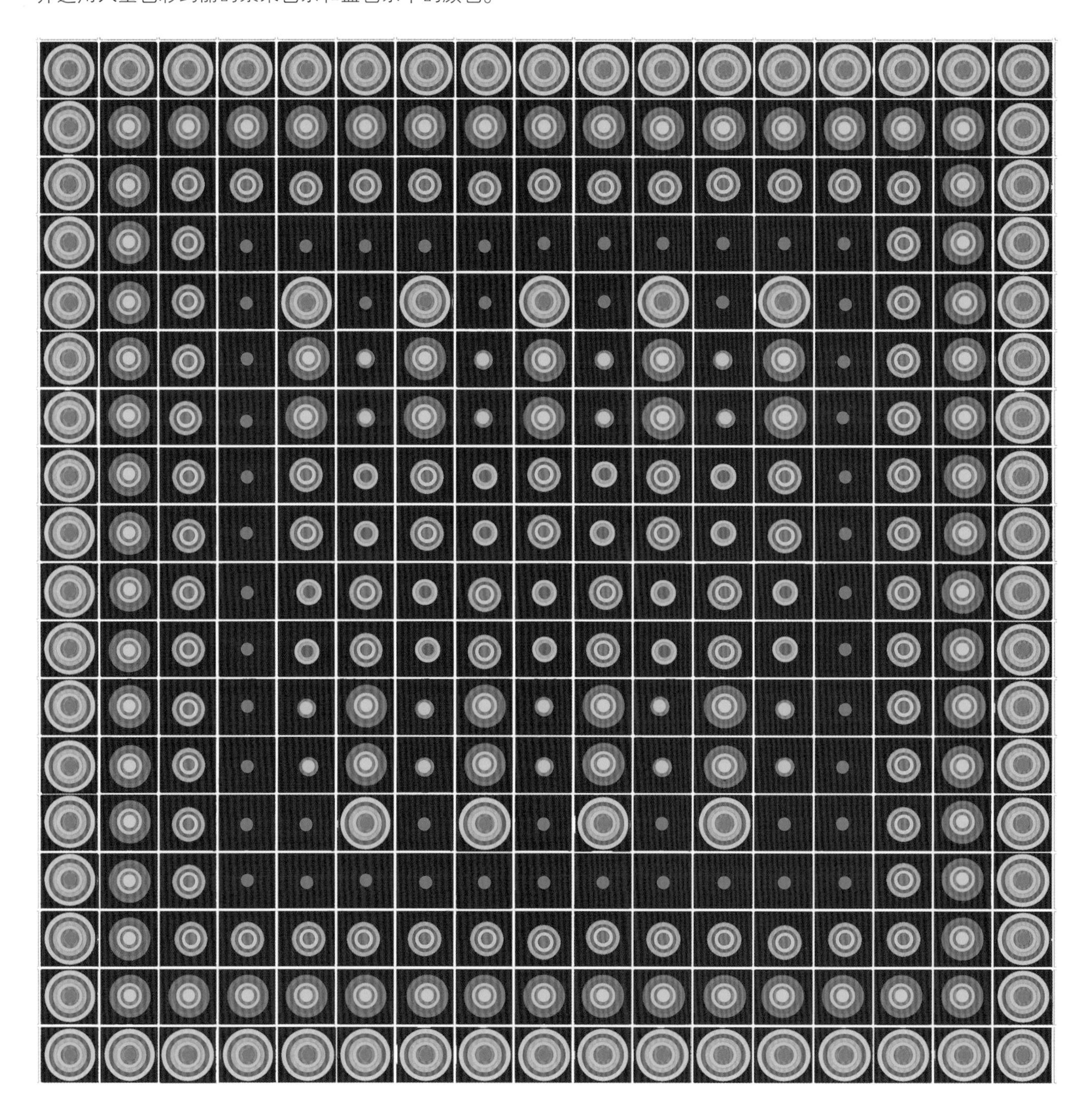

配色变化2

在这个配色版本中，我将背景色变成秋香绿色，
并选用大量清新鲜亮的色彩。

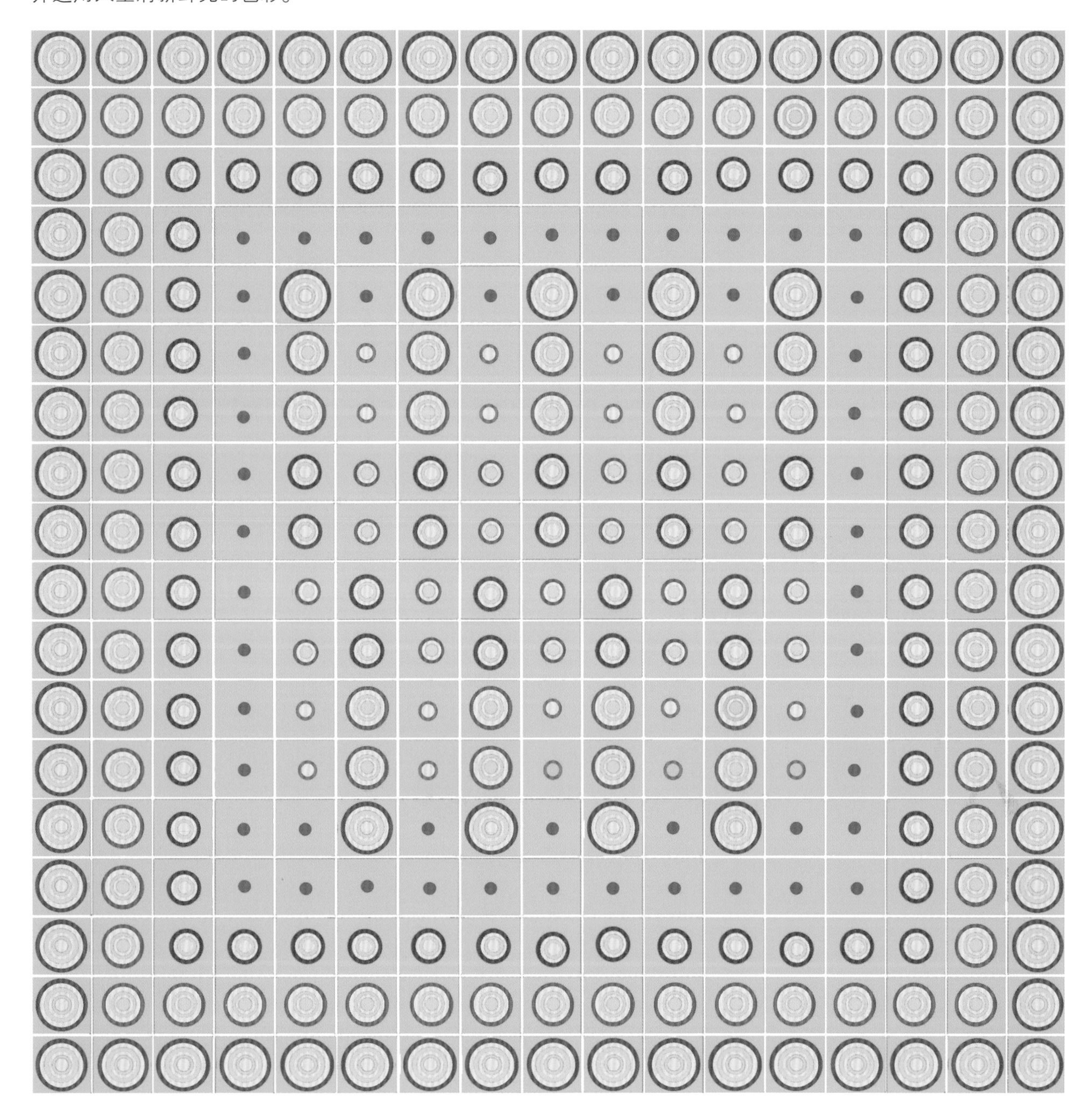

夏至

夏至是麦田怪圈的姊妹款。我想用这款花样设计出彩虹毯子。名为夏至是为了纪念在英国威尔特郡巨石阵庆祝夏至的庆典。不少麦田怪圈会出现在威尔特郡，特别是像巨石阵这样的古迹附近特别多。每年都会有数以千计无宗教信仰的人从世界各地来到巨石阵，他们身穿色彩艳丽（即彩虹的颜色）的服装庆祝夏至。顺便说下，我没有参加这个活动，但我非常欣赏他们不远万里来巨石阵看日出的精神。

成品尺寸

127cm × 142.25cm

钩针型号

4mm（英制8号）

绒线种类

DK（8股）：240~250m/100g

绒线说明

我用制作其他作品时剩余的零线来制作这款作品。如果你更喜欢买新线，可以考虑选择下面的绒线品牌，但不一定要用相同的染色缸号。

英国本土品牌

John Arbon Textiles：Knit by Numbers DK

世界其他商业品牌

Cascade: 220 Sport
Fyberspates: Vivacious DK
Yarn Stories: Merino DK, Merino/Alpaca DK
Knit Picks: Wool of the Andes Sport

色环

这款毯子所用的花片和麦田怪圈完全相同，但采用不同的颜色。

金色：150g

橙色：150g

洋红色：150g

玫瑰色：150g

紫罗兰色：150g

深紫色：200g

靛蓝色：200g

钴蓝色：200g

碧蓝色：200g

青苹果色：200g

组合

连接：把钩好的正方形花片用引拔针或者其他针法将各边连接起来。在每个花片每条边上针目之间相对应的空隙内钩。

收尾： 我想清晰地展示每个花片，因此夏至没有饰边。不过，如果你想加饰边的话，可以钩2行短针。

配色图

这幅图旨在让你对毯子的结构以及颜色搭配有个大概了解。34页还分步骤详细说明了毯子花片的连接方法。可参考36页和37页的另外两幅配色变化图。

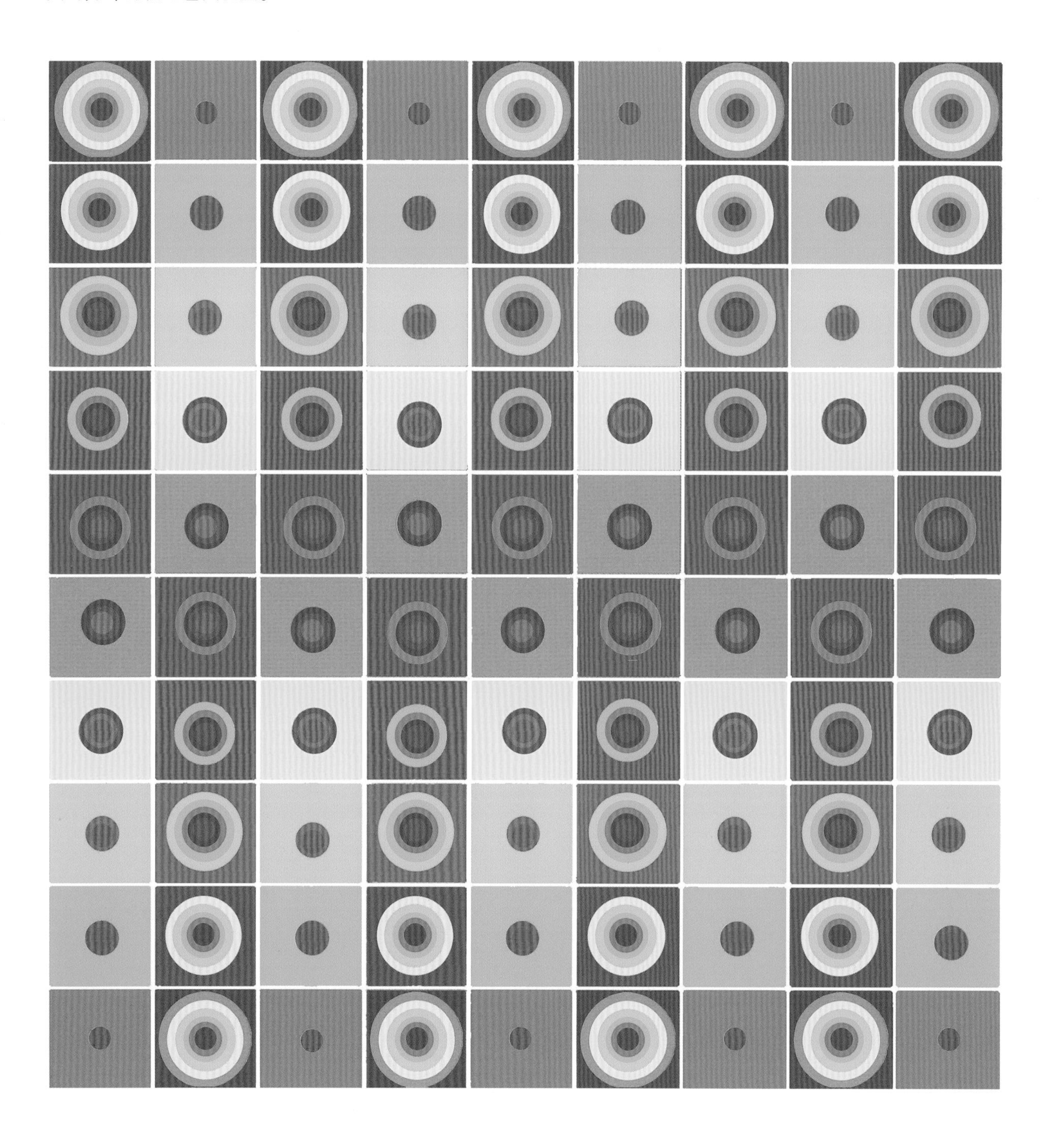

正方形花片

13cm×13cm

用色线1钩5针锁针，并用引拔针连成一个环。

第1圈：钩2针锁针（作为1针中长针），在环上钩9针中长针。用引拔针连接头2针锁针中的第2针（共10针中长针）。断线。

第2圈：在本圈以及以下各圈中，在之前一圈针目之间的空隙内钩。在任一空隙内接上色线2，钩2针锁针（作为1针中长针），在该空隙内再钩1针中长针，*在下1个空隙内钩2针中长针*。重复*之间的内容8次。用引拔针连接头2针锁针中的第2针（共20针中长针）。断线。

第3圈：在任一空隙内接上色线3，钩2针锁针（作为1针中长针），在该空隙内再钩1针中长针，在下1个空隙内钩1针中长针，*在下1个空隙内钩2针中长针，在下1个空隙内钩1针中长针*。重复*之间的内容8次。用引拔针连接头2针锁针中的第2针（共30针中长针）。断线。

第4圈：在任一空隙内接上色线4，钩2针锁针（作为1针中长针），在该空隙内再钩1针中长针，在下2个空隙内各钩1针中长针，*在下1个空隙内钩2针中长针，在下2个空隙内各钩1针中长针*。重复*之间的内容8次。用引拔针连接头2针锁针中的第2针（共40针中长针）。断线。

第5圈：在任一空隙内接上色线5，钩2针锁针（作为1针中长针），在该空隙内再钩1针中长针，在下3个空隙内各钩1针中长针，*在下1个空隙内钩2针中长针，在下3个空隙内各钩1针中长针*。重复*之间的内容8次。用引拔针连接头2针锁针中的第2针（共50针中长针）。断线。

第6圈：在任一空隙内接上色线6，钩2针锁针（作为1针中长针），在该空隙内再钩1针中长针，在下4个空隙内各钩1针中长针，*在下1个空隙内钩2针中长针，在下4个空隙内各钩1针中长针*。重复*之间的内容8次。用引拔针连接头2针锁针中的第2针（共60针中长针）。断线。

第7圈：在任一空隙内接上色线7，钩4针锁针（作为1针长长针），在该空隙内再钩1针长长针（这就形成角的一边），*在下1个空隙内钩1针长长针，在下2个空隙内各钩1针长针，在下2个空隙内各钩1针中长针，在下4个空隙内各钩1针短针，在下2个空隙内各钩1针中长针，在下2个空隙内各钩1针长针，在下1个空隙内钩1针长长针，在下1个空隙内钩（2针长长针，2针锁针**，2针长长针）（这便形成一个角）*。重复*之间的内容3次，最后1次重复在**处结束。用引拔针连接头4针锁针中的第4针。

第8圈：在2针锁针形成的角处钩1针锁针（作为1针短针），*在下17个空隙内各钩1针短针，在2针锁针形成的角处钩（1针短针，2针锁针**，1针短针）*。重复*之间的内容3次，最后1次重复在**处结束。用引拔针连接第1针锁针。断线。

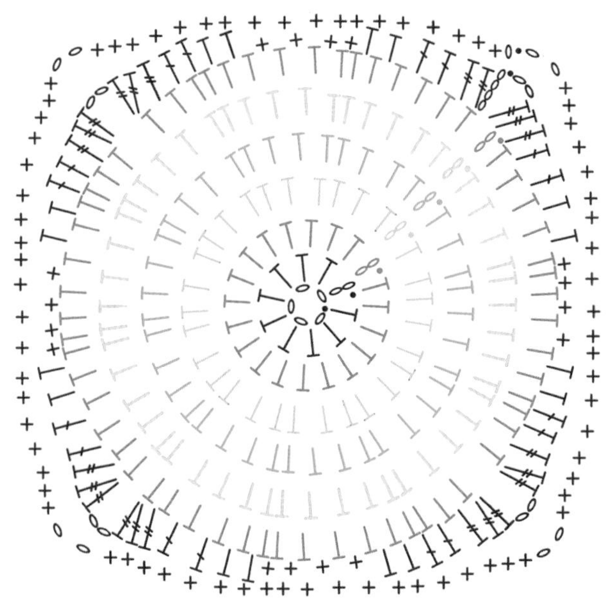

花片针法图解

颜色分布说明

花片	第1圈	第2圈	第3圈	第4圈	第5圈	第6圈	第7、8圈
1：9个	洋红色	钴蓝色	钴蓝色	钴蓝色	钴蓝色	钴蓝色	钴蓝色
2：9个	洋红色	玫瑰色	碧蓝色	碧蓝色	碧蓝色	碧蓝色	碧蓝色
3：9个	玫瑰色	紫罗兰色	青苹果色	青苹果色	青苹果色	青苹果色	青苹果色
4：9个	玫瑰色	紫罗兰色	深紫色	金色	金色	金色	金色
5：9个	紫罗兰色	深紫色	靛蓝色	橙色	橙色	橙色	橙色
6：9个	紫罗兰色	深紫色	靛蓝色	钴蓝色	洋红色	洋红色	洋红色
7：9个	深紫色	靛蓝色	钴蓝色	碧蓝色	玫瑰色	玫瑰色	玫瑰色
8：9个	深紫色	靛蓝色	钴蓝色	碧蓝色	青苹果色	紫罗兰色	紫罗兰色
9：9个	靛蓝色	钴蓝色	碧蓝色	青苹果色	金色	深紫色	深紫色
10：9个	靛蓝色	钴蓝色	碧蓝色	青苹果色	金色	橙色	靛蓝色

夏至花片的连接方法

1 每种花片选取1个，从毯子的中间列开始，如图所示，以从上往下的排列顺序用引拔针连接各个花片。

2 每种花片选取2个，分别排列在中间列的两边，一次排一列，用引拔针连接各个花片。

3 选取剩余的6组花片，继续用引拔针连接，按照图中顺序，一次排一列，直至连接完成。

10
9
8
7
6
5
4
3
2
1

步骤1

1	10	1
2	9	2
3	8	3
4	7	4
5	6	5
6	5	6
7	4	7
8	3	8
9	2	9
10	1	10

步骤2

10	1	10	1	10	1	10	1	10
9	2	9	2	9	2	9	2	9
8	3	8	3	8	3	8	3	8
7	4	7	4	7	4	7	4	7
6	5	6	5	6	5	6	5	6
5	6	5	6	5	6	5	6	5
4	7	4	7	4	7	4	7	4
3	8	3	8	3	8	3	8	3
2	9	2	9	2	9	2	9	2
1	10	1	10	1	10	1	10	1

步骤3

配色变化1

在这个配色版本中，花片沿毯子对角线排列出彩虹的颜色。

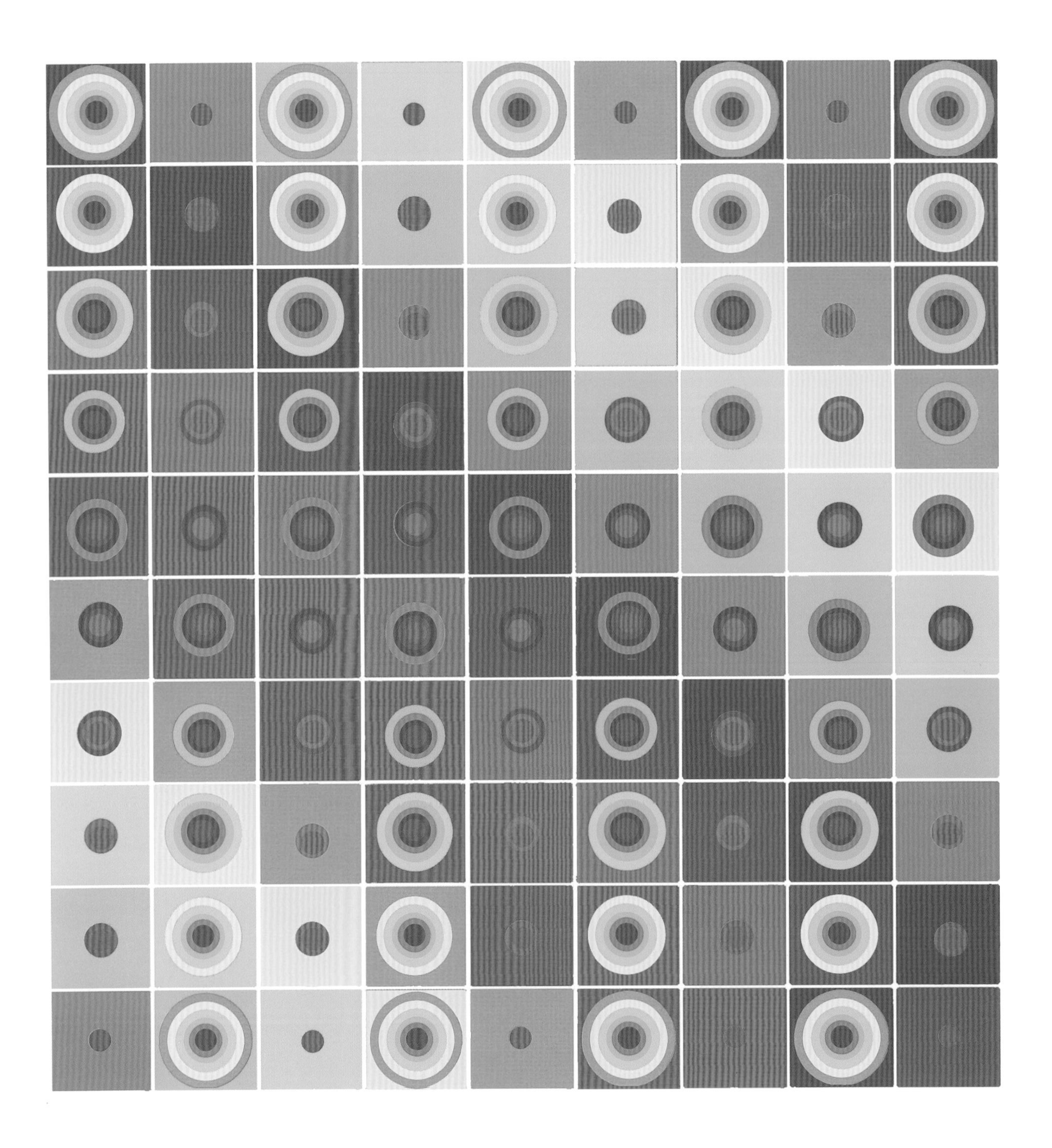

配色变化2

在这个配色版本中，颜色安排更加规范化，使得人们聚焦在花片中心圈的大小变化上。

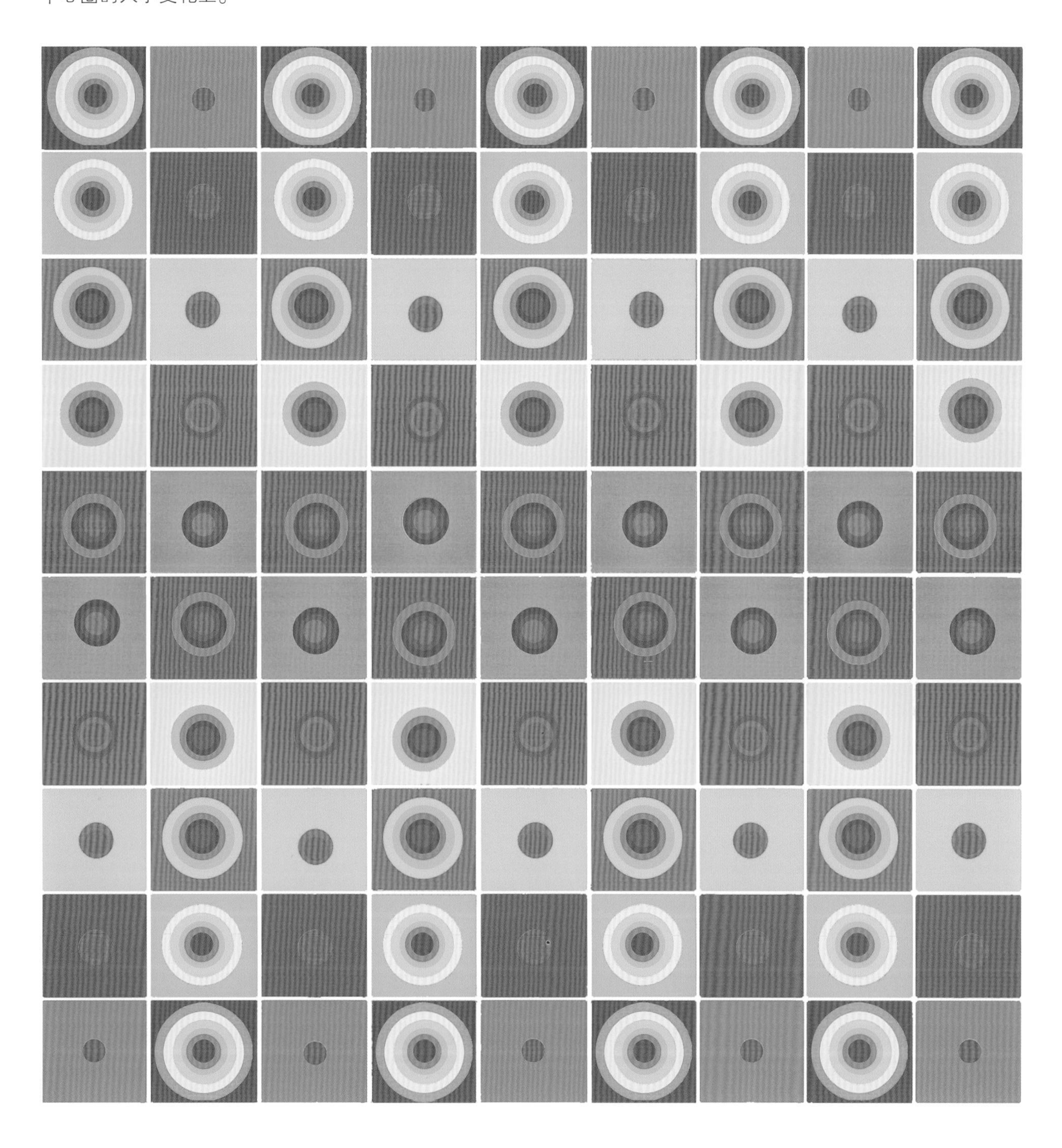

天方夜谭

我喜欢童话故事；最喜欢的是《一千零一夜》，俗称《天方夜谭》。这些故事是通过谢赫拉莎德向她的国王进行讲述而展开的，包括《阿拉丁神灯》《辛巴达水手》《阿里巴巴和四十大盗》等。这款毯子的灵感来自波斯地毯以及阿拉丁神奇飞毯图案中的元素。背景色为橙色和洋红色，而大多历史上闻名的地毯都用茜草染制，茜草是我最喜欢的染料之一。最好的茜草染料来自伊朗——是一种非常质朴、色彩浓重的染料，我一直觉得茜草带有沙漠的味道。

成品尺寸

150cm×165cm（不包含流苏）

钩针型号

4mm（英制8号）

绒线种类

DK（8股）：240~250m/100g

绒线说明

我用制作其他作品时剩余的零线来制作这款作品。如果你更喜欢买新线，可以考虑选择下面的绒线品牌，但不一定要用相同的染色缸号。

英国本土品牌

John Arbon Textiles: Knit by Numbers DK

世界其他商业品牌

Cascade: 220 Sport
Fyberspates: Vivacious DK
Yarn Stories: Merino DK, Merino/Alpaca DK
Knit Picks: Wool of the Andes Sport

色环

可利用其他作品剩余的零线制作。

金色：150g

橙色：800g

洋红色：450g

玫瑰色：100g

紫罗兰色：150g

钴蓝色：150g

碧蓝色：50g

青苹果色：100g

秋香绿色：250g

组合

这款毯子将正方形和三角形按带状连接：从顶部开始连到底部。如果你用了不同种类和颜色的绒线，可以在不同花片上交替选择，以确保能相互协调。

连接：把钩好的正方形花片用引拔针或者其他针法在各边连接起来。在花片每条边上的针目之间相对应的空隙内钩。

收尾：要加饰边的话，可以钩2行短针。

配色图

这幅图旨在让你对毯子的结构以及颜色搭配有个大概了解。44页和45页还分步骤详细说明了毯子花片的连接方法。48页和49页列出了另外两幅配色变化图，仅提供一些启发。

正方形花片

9cm×9cm

用色线1钩4针锁针，并用引拔针连成一个环。

第1圈： 钩2针锁针（作为1针中长针），在环上钩11针中长针。用引拔针连接头2针锁针中的第2针（共12针中长针）。

第2圈： 在本圈以及以下各圈中，在之前一圈针目之间的空隙内钩。钩2针锁针（作为1针中长针），在该空隙内再钩1针中长针，*在下1个空隙内钩2针中长针*。重复*之间的内容10次。用引拔针连接头2针锁针中的第2针（共24针中长针）。

第3圈： 在第1个空隙内钩3针锁针（作为1针长针），*在下1个空隙内钩1针中长针，在下3个空隙内各钩1针短针，在下1个空隙内钩1针中长针，在下1个空隙内钩（1针长针，2针锁针**，1针长针）（即钩好一个角）*。重复*之间的内容3次，最后1次重复在**处结束。用引拔针连接头3针锁针中的第3针。断线。

第4圈： 在任意一角接上色线2，钩2针锁针（作为1针中长针），在该角再钩1针中长针，*在下6个空隙内各钩1针中长针，在角处钩（2针中长针，2针锁针**，2针中长针）*。重复*之间的内容3次，最后1次重复在**处结束。用引拔针连接头2针锁针中的第2针。

第5圈： 钩2针锁针（作为1针中长针），在该空隙内再钩1针中长针（若将钩针稍微倾斜一下，会更容易钩），*在下9个空隙内各钩1针中长针，在角内钩（2针中长针，2针锁针**，2针中长针）*。重复*之间的内容3次，最后1次重复在**处结束。用引拔针连接头2针锁针中的第2针。断线。

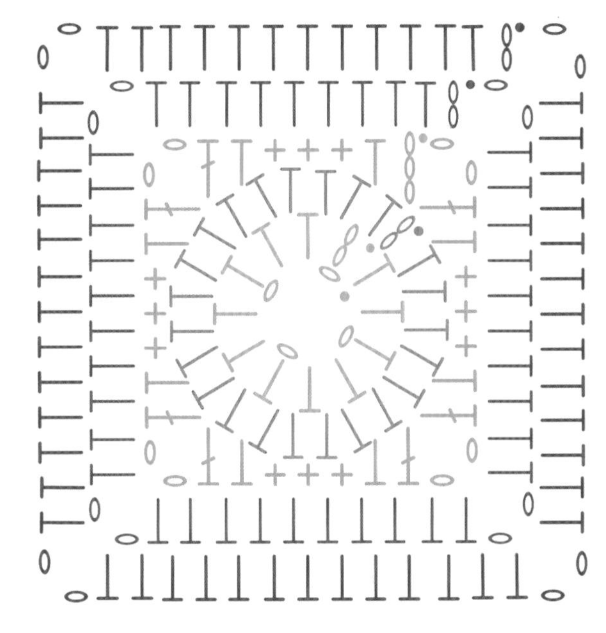

花片针法图解

三角形花片

边长9cm

用色线1钩4针锁针，并用引拔针连成一个环。

第1圈：钩2针锁针（作为1针中长针），在环上钩3针中长针，2针锁针，*在环上钩4针中长针，2针锁针*。重复*之间的内容1次。用引拔针连接头2针锁针中的第2针。

第2圈：在本圈以及以下各圈中，在之前一圈针目之间的空隙内钩。钩2针锁针（作为1针中长针），*在下3个空隙内各钩1针短针，在下1个空隙内钩（1针中长针，1针长针，2针锁针，1针长针**，1针中长针）（这便形成一个角）*。重复*之间的内容2次，最后1次重复在**处结束。用引拔针连接头2针锁针中的第2针。断线。

第3圈：在其中一个2针锁针形成的角处接上色线2，钩2针锁针（作为1针中长针），在该2针锁针处再钩1针中长针，*在下6个空隙内各钩1针中长针，在角处钩（2针中长针，2针锁针**，2针中长针）*。重复*之间的内容2次，最后1次重复在**处结束。用引拔针连接头2针锁针中的第2针。

第4圈：钩2针锁针（作为1针中长针），在该2针锁针处再钩1针中长针（若将钩针稍微倾斜一下，会更容易钩），*在下9个空隙内各钩1针中长针，在下1个空隙内钩（2针中长针，2针锁针**，2针中长针）（这便形成一个角）*。重复*之间的内容2次，最后1次重复在**处结束。用引拔针连接头2针锁针中的第2针。

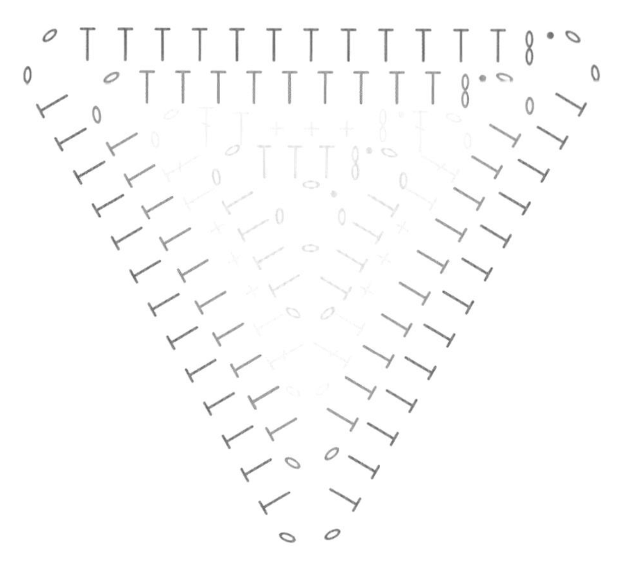

花片针法图解

填充花片

从毯子的背面钩填充花片。填充花片可以填充2个正方形花片与3个三角形花片组合在一起所产生的空隙；用现有花片的针目作为基础针目，向内钩。如下图所示，第1圈为橙色，第2圈为红色。

第1圈： 在其中一个2针锁针形成的角处接上色线1，钩1针锁针（作为1针短针），在该2针锁针处再钩2针短针，*在下1个2针锁针处钩3针短针*。重复*之间的内容3次。用引拔针连接第1针锁针。断线。

第2圈： 在第1圈针目之间的空隙内钩。在第1圈结束后的第1个空隙内接上色线2，钩1针锁针（作为1针短针），在下1个空隙内钩1针短针，跳过1个空隙，*在下2个空隙内各钩1针短针，跳过1个空隙*。重复*之间的内容3次。用引拔针连接第1针锁针。断线。

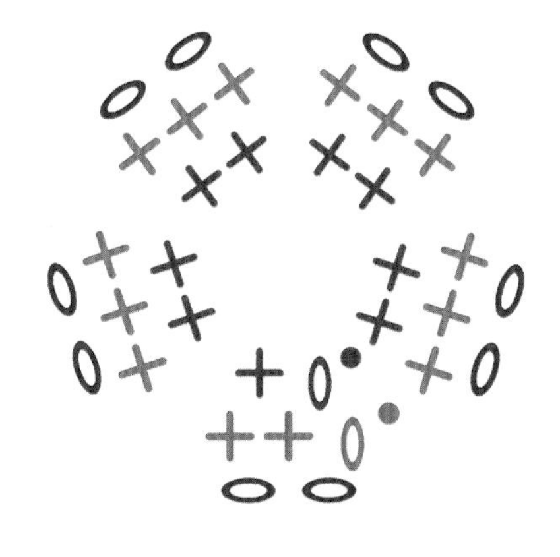

填充花片针法图解

颜色分布说明

花片	第1、2圈	第3圈	第4圈	第5圈
正方形花片1：12个	玫瑰色	玫瑰色	钴蓝色	钴蓝色
正方形花片2：12个	橙色	橙色	紫罗兰色	紫罗兰色
三角形花片3：24个	碧蓝色	紫罗兰色	紫罗兰色	
三角形花片4：24个	紫罗兰色	碧蓝色	碧蓝色	
正方形花片5：18个	玫瑰色	玫瑰色	金色	金色
正方形花片6：18个	橙色	橙色	青苹果色	青苹果色
三角形花片7：36个	青苹果色	橙色	橙色	
三角形花片8：36个	金色	橙色	橙色	
正方形花片9：14个	洋红色	洋红色	橙色	橙色
三角形花片10：48个	洋红色	橙色	橙色	
正方形花片11：19个	钴蓝色	钴蓝色	洋红色	洋红色
正方形花片12：19个	青苹果色	青苹果色	洋红色	洋红色
三角形花片13：32个	橙色	洋红色	洋红色	

天方夜谭花片的连接方法

1 从毯子顶部开始往下排。选取6个正方形花片11和6个正方形花片12。从第1行的左边开始交替排列，并用引拔针连接。

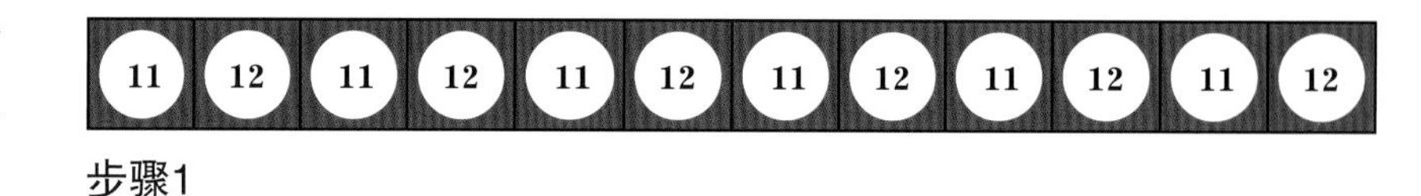

步骤1

2 选取2个三角形花片13和10个三角形花片10，用引拔针连接在第1行下方。

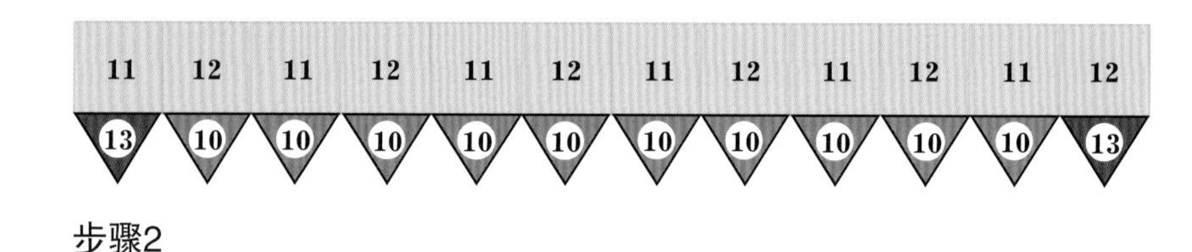

步骤2

3 下一行选取2个三角形花片13、2个三角形花片10、5个三角形花片7和4个三角形花片8，用引拔针连接。

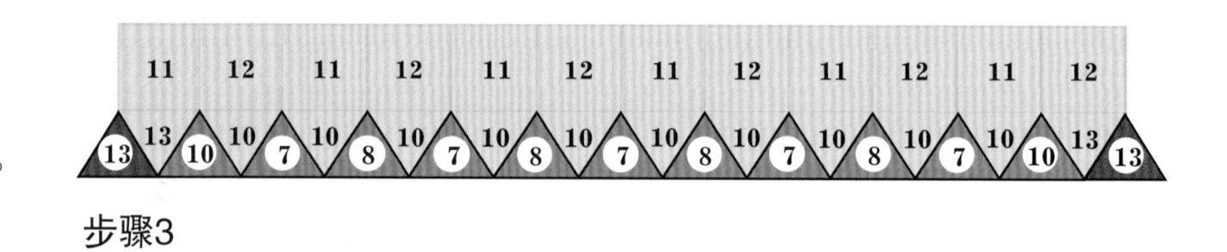

步骤3

4 连接的同时，加上填充花片（如图所示的第1行与第2行之间的蓝色部分），这样比较容易钩，而毯子完工后再加比较麻烦。因此请在这时用洋红色线钩11个填充花片。

步骤4

5 下一行选取1个正方形花片12、2个正方形花片9、5个正方形花片5、4个正方形花片6和1个正方形花片11，连接正方形花片，并如图所示用橙色线钩12个填充花片。

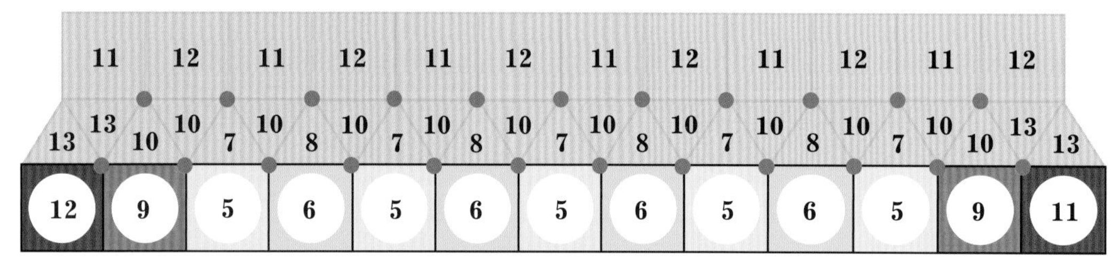

步骤5

6 按照上述步骤继续连接，直到整个毯子完工为止；填充花片一直用橙色线钩，一直钩到倒数第2行为止——最后一行的填充花片再次用洋红色线钩。

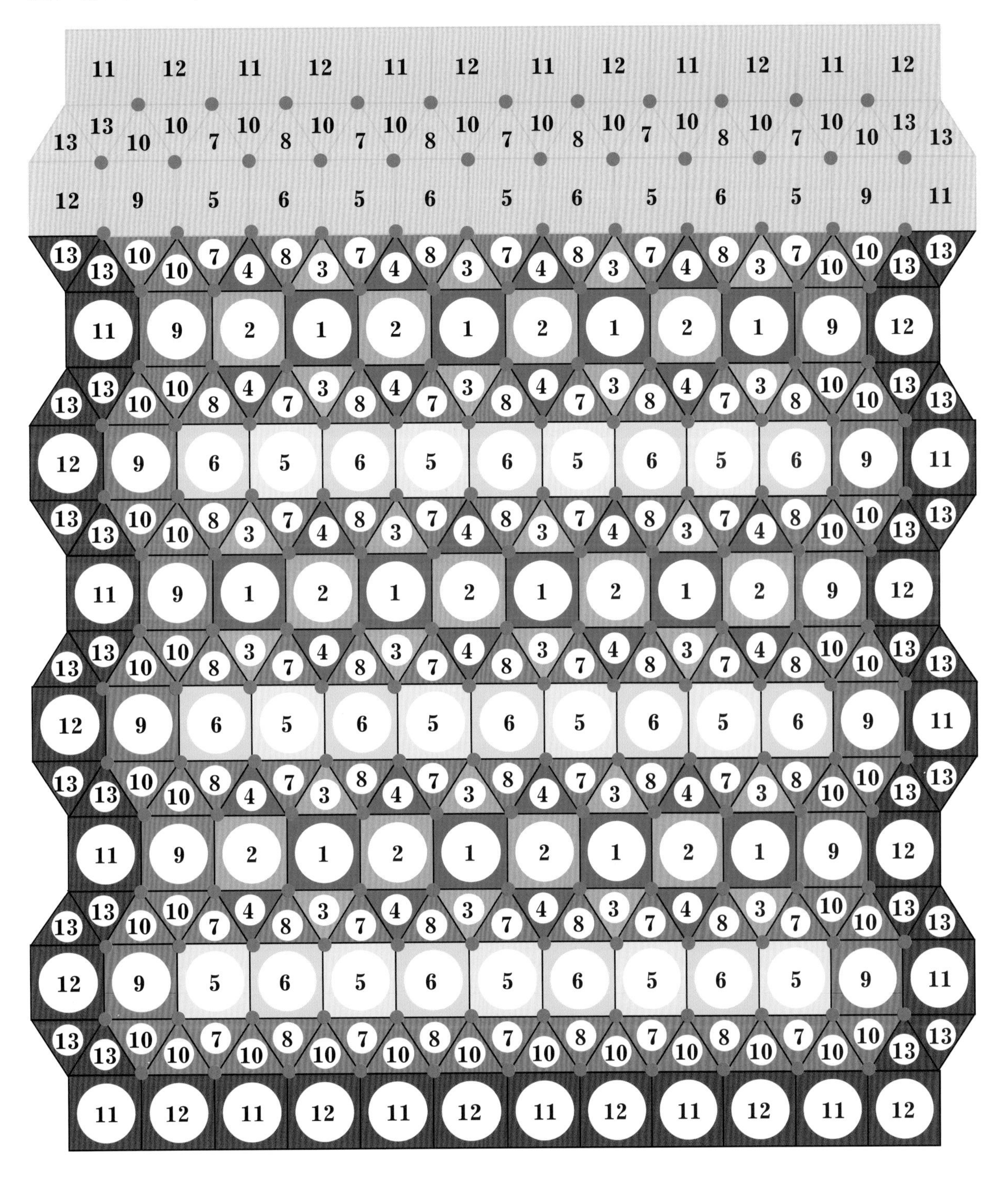

步骤6

流苏花片

总共制作24条流苏：毯子的两端各12条。在毯子两端正方形花片的中心处连接流苏。流苏花片由1个三角形小花片和3个圆形小花片构成；三角形小花片是仅钩三角形花片的第1、2、3圈制作而成，圆形小花片是仅钩正方形花片的第1圈制作而成。

流苏花片中的三角形小花片

用色线1钩4针锁针，并用引拔针连成一个环。

第1圈：钩2针锁针（作为1针中长针），在环上钩3针中长针，2针锁针，*在环上钩4针中长针，2针锁针*。重复*之间的内容1次。用引拔针连接头2针锁针中的第2针。

第2圈：在本圈以及以下各圈中，在之前一圈针目之间的空隙内钩。钩2针锁针（作为1针中长针），*在下3个空隙内各钩1针短针，在下1个空隙内钩（1针中长针，1针长针，2针锁针，1针长针**，1针中长针）（这便形成一个角）*。重复*之间的内容2次，最后1次重复在**处结束。用引拔针连接头2针锁针中的第2针。断线。

第3圈：在其中一个2针锁针形成的角处接上色线2，钩2针锁针（作为1针中长针），在该2针锁针处再钩1针中长针，*在下6个空隙内各钩1针中长针，在角处钩（2针中长针，2针锁针**，2针中长针）*。重复*之间的内容2次，最后1次重复在**处结束。用引拔针连接头2针锁针中的第2针。

流苏花片中的圆形小花片

用色线钩4针锁针，并用引拔针连成一个环。

第1圈：在环上钩2针锁针（作为1针中长针），11针中长针。用引拔针将头2针锁针中的第2针连接起来（共12针中长针）。

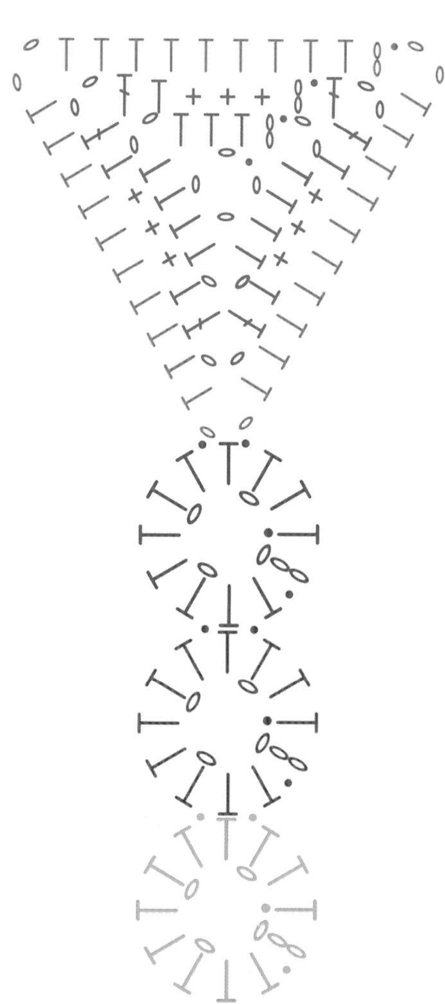
流苏花片针法图解

配色变化1

该配色版本中间部分颜色鲜亮明快，四周配以冷色系的蓝色和绿色，特别与众不同。

配色变化2

下面这个配色版本中，我选择了浅粉色、紫色和蓝色，并配以鲜亮的红色，使毯子显得高贵典雅。

莉莲

这是天方夜谭（见38~49页）的姊妹款。莉莲的灵感也来自波斯地毯图案中的元素。其名字来源于伊朗一制作地毯的地区。我母亲的名字也叫莉莲——她喜欢明亮的颜色，因此我为这款设计挑选了一些她最喜欢的颜色——包括碧蓝色、翡翠绿色和玫瑰色。

成品尺寸

150cm × 165cm

钩针型号

3mm或3.25mm（英制11号或10号）

绒线种类

4股线：360m/100g

绒线说明

我用制作其他作品时剩余的零线来制作这款作品。如果你更喜欢买新线，可以考虑选择下面的绒线品牌，但不一定要用相同的染色缸号。

英国本土品牌

Skein Queen：Selkino, Lustrous
John Arbon Textiles：Exmoor Sock,
Knit by Numbers 4股
Easyknits：Splendour
The Little Grey Sheep：Stein 4股

世界其他商业品牌

Drops: Alpaca，Alpaca/Silk
Fyberspates: Vivacious 4股
Cascade: 220 Fingering, Heritage Silk
Knit Picks: Palette

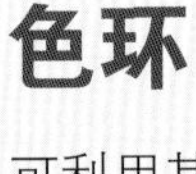

色环

可利用其他作品剩余的零线制作。

肉豆蔻色：150g

橙色：150g

洋红色：100g

玫瑰色：250g

红醋栗色：250g

靛蓝色：100g

翡翠绿色：100g

碧蓝色：250g

苔藓色：50g

组合

从毯子的一端开始往下钩，每次加1行。最好是每行结束后加填充花片，因为这时比较容易钩，若毯子完工后再加填充花片则比较麻烦。

连接：把钩好的正方形花片用引拔针或者其他针法将各边连接起来。在花片每条边上的针目之间相对应的空隙内钩。

收尾：要加饰边的话，可以钩2行短针。

配色图

这幅图旨在让你对毯子的结构以及颜色搭配有个大概了解。58页和59页分步骤详细说明了毯子花片的连接方法。60页和61页还列出了另外两幅配色变化图，仅提供一些启发。

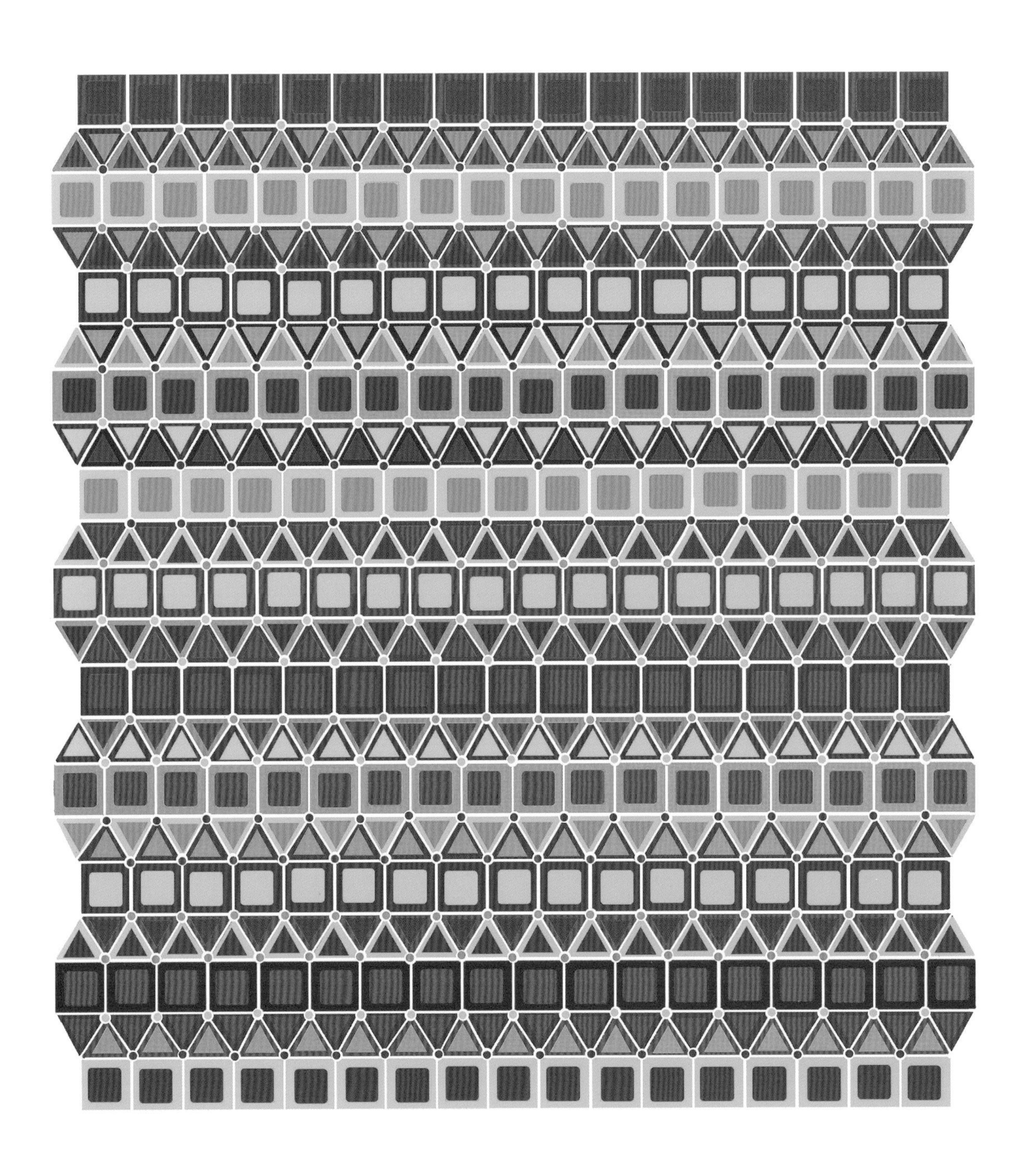

正方形花片

7.5cm×7.5cm

用色线1钩4针锁针，并用引拔针连成一个环。

第1圈： 钩2针锁针（作为1针中长针），在环上钩11针中长针。用引拔针连接头2针锁针中的第2针（共12针中长针）。断线。

第2圈： 在本圈以及以下各圈中，在之前一圈针目之间的空隙内钩。在第1圈结束的地方接上色线2，钩2针锁针（作为1针中长针），在该空隙内再钩1针中长针，*在下1个空隙内钩2针中长针*。重复*之间的内容10次。用引拔针连接头2针锁针中的第2针（共24针中长针）。断线。

第3圈： 在第2圈结束的地方接上色线3，在第1个空隙内钩3针锁针（作为1针长针），*在下1个空隙内钩1针中长针，在下3个空隙内各钩1针短针，在下1个空隙内钩1针中长针，在下1个空隙内钩（1针长针，2针锁针**，1针长针）（即钩好一个角）*。重复*之间的内容3次，最后1次重复在**处结束。用引拔针连接头3针锁针中的第3针。断线。

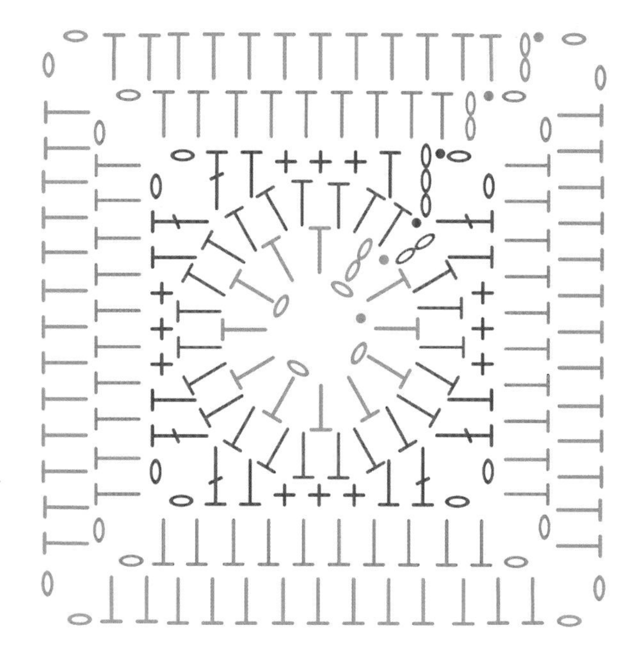

花片针法图解

第4圈： 在任意一角接上色线4，钩2针锁针（作为1针中长针），在该角再钩1针中长针，*在下6个空隙内各钩1针中长针，在角处钩（2针中长针，2针锁针**，2针中长针）*。重复*之间的内容3次，最后1次重复在**处结束。用引拔针连接头2针锁针中的第2针。

第5圈： 钩2针锁针（作为1针中长针），在该空隙内再钩1针中长针（若将钩针稍微倾斜一下，会更容易钩），*在下9个空隙内各钩1针中长针，在角处钩（2针中长针，2针锁针**，2针中长针）*。重复*之间的内容3次，最后1次重复在**处结束。用引拔针连接头2针锁针中的第2针。断线。

三角形花片

边长7.5cm

用色线1钩4针锁针，并用引拔针连成一个环。

第1圈：钩2针锁针（作为1针中长针），在环上钩3针中长针，2针锁针，*在环上钩4针中长针，2针锁针*。重复*之间的内容1次。用引拔针连接头2针锁针中的第2针。断线。

第2圈：在本圈以及以下各圈中，在之前一圈针目之间的空隙内钩。在任意一个2针锁针形成的角处接色线2，钩2针锁针（作为1针中长针），*在下3个空隙内各钩1针短针，在下1个空隙内钩（1针中长针，1针长针，2针锁针，1针长针**，1针中长针）（这便形成一个角）*。重复*之间的内容2次，最后1次重复在**处结束。用引拔针连接头2针锁针中的第2针。断线。

第3圈：在其中一个2针锁针形成的角处接上色线3，钩2针锁针（作为1针中长针），在该2针锁针处钩1针中长针，*在下6个空隙内各钩1针中长针，在角处钩（2针中长针，2针锁针**，2针中长针）*。重复*间的内容2次，最后1次重复在**处结束。用引拔针连接头2针锁针中的第2针。

第4圈：钩2针锁针（作为1针中长针），在该2针锁针处再钩1针中长针（若将钩针稍微倾斜一下，会更容易钩），*在下9个空隙内各钩1针中长针，在下1个空隙内钩（2针中长针，2针锁针**，2针中长针）（这便形成一个角）*。重复*之间的内容2次，最后1次重复在**处结束。用引拔针连接头2针锁针中的第2针。断线。

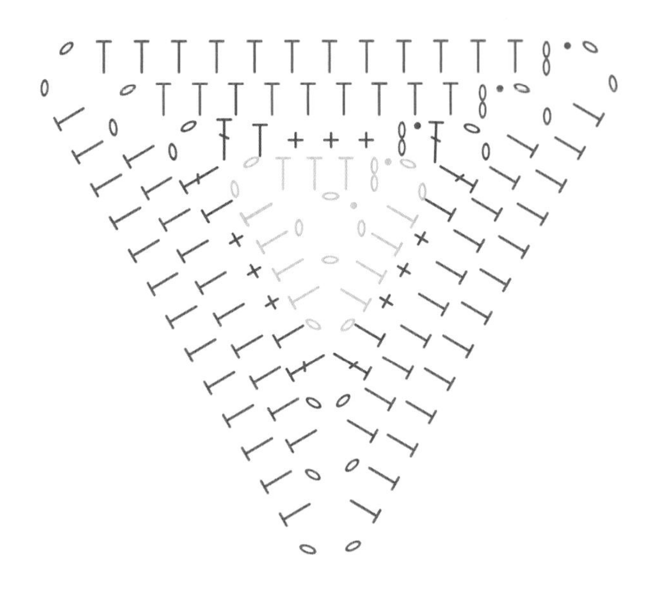

花片针法图解

填充花片

从毯子的背面钩填充花片。填充花片可以填充2个正方形花片与3个三角形花片组合在一起所产生的空隙；用现有花片的针目作为基础针目，向内钩。如下图所示，第1圈为绿色，第2圈为蓝色。

第1圈：在其中一个2针锁针所形成的角处接上色线1，钩1针锁针（作为1针短针），在该2针锁针处再钩2针短针，*在下1个2针锁针处钩3针短针*。重复*之间的内容3次。用引拔针连接第1针锁针。断线。

第2圈：在第1圈针目之间的空隙内钩。在第1圈结束后的第1个空隙内接上色线2，钩1针锁针（作为1针短针），在下1个空隙内钩1针短针，跳过1个空隙，*在下2个空隙内各钩1针短针，跳过1个空隙*。重复*之间的内容3次。用引拔针连接第1针锁针。断线。

填充花片针法图解

颜色分布说明

花片	第1圈	第2圈	第3圈	第4圈	第5圈
正方形花片1：17个	玫瑰色	肉豆蔻色	玫瑰色	玫瑰色	玫瑰色
三角形花片2：17个	肉豆蔻色	翡翠绿色	红醋栗色	红醋栗色	
三角形花片3：18个	玫瑰色	玫瑰色	橙色	橙色	
正方形花片4：18个	碧蓝色	翡翠绿色	靛蓝色	碧蓝色	碧蓝色
三角形花片5：35个	玫瑰色	橙色	肉豆蔻色	肉豆蔻色	
三角形花片6：17个	红醋栗色	红醋栗色	玫瑰色	玫瑰色	
正方形花片7：34个	碧蓝色	靛蓝色	翡翠绿色	红醋栗色	红醋栗色
三角形花片8：17个	橙色	玫瑰色	洋红色	洋红色	
三角形花片9：36个	靛蓝色	靛蓝色	碧蓝色	碧蓝色	
正方形花片10：18个	玫瑰色	肉豆蔻色	玫瑰色	橙色	橙色
三角形花片11：36个	靛蓝色	红醋栗色	红醋栗色	红醋栗色	
三角形花片12：17个	肉豆蔻色	肉豆蔻色	洋红色	洋红色	
正方形花片13：17个	碧蓝色	碧蓝色	翡翠绿色	靛蓝色	碧蓝色

花片	第1圈	第2圈	第3圈	第4圈	第5圈
三角形花片14：34个	洋红色	玫瑰色	肉豆蔻色	肉豆蔻色	
三角形花片15：18个	肉豆蔻色	红醋栗色	碧蓝色	碧蓝色	
正方形花片16：18个	靛蓝色	翡翠绿色	玫瑰色	玫瑰色	玫瑰色
三角形花片17：18个	红醋栗色	红醋栗色	橙色	橙色	
正方形花片18：17个	洋红色	玫瑰色	玫瑰色	红醋栗色	红醋栗色
三角形花片19：17个	玫瑰色	翡翠绿色	苔藓色	苔藓色	
正方形花片20：18个	红醋栗色	玫瑰色	玫瑰色	橙色	橙色
三角形花片21：17个	肉豆蔻色	红醋栗色	玫瑰色	玫瑰色	
三角形花片22：18个	红醋栗色	红醋栗色	碧蓝色	碧蓝色	
正方形花片23：18个	玫瑰色	玫瑰色	红醋栗色	洋红色	洋红色
三角形花片24：18个	苔藓色	玫瑰色	红醋栗色	红醋栗色	
三角形花片25：17个	橙色	橙色	玫瑰色	玫瑰色	
正方形花片26：17个	玫瑰色	红醋栗色	红醋栗色	碧蓝色	碧蓝色

莉莲花片的连接方法

1 从毯子顶部开始往下排。选取17个正方形花片1，从第1行的左边开始，用引拔针连接。

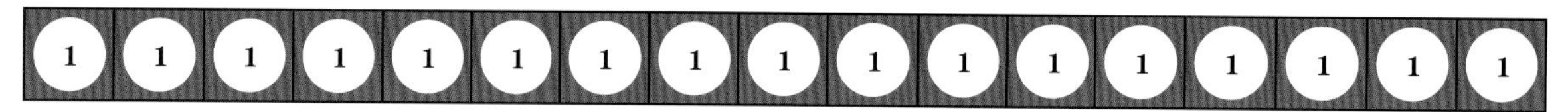

步骤1

2 选取17个三角形花片2，用引拔针连接在第1行的下面。

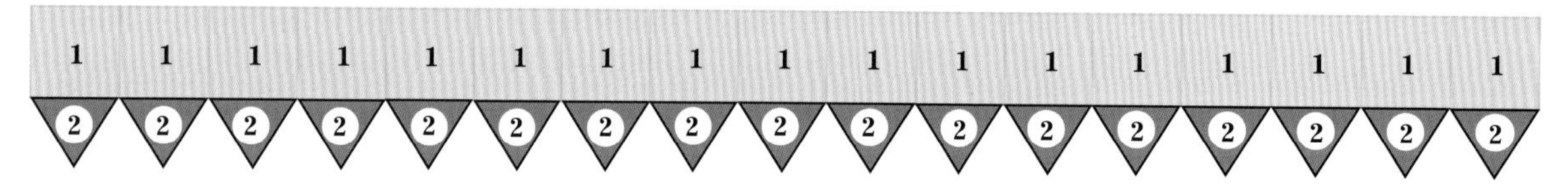

步骤2

3 下一行选取18个三角形花片3，用引拔针连接。

4 在正方形花片1和三角形花片2之间加上一组共16个填充花片；我用碧蓝色线钩这里的填充花片，但你可以选择自己喜欢的颜色。

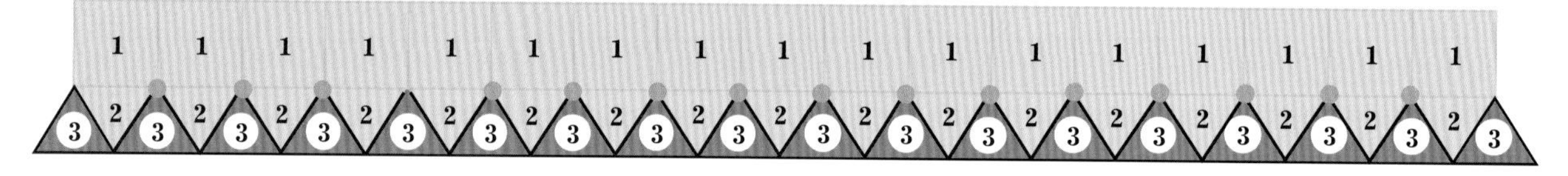

步骤3和步骤4

5 下一行选取18个正方形花片4，用引拔针连接，并钩出17个填充花片；我用肉豆蔻色线钩这里的填充花片。

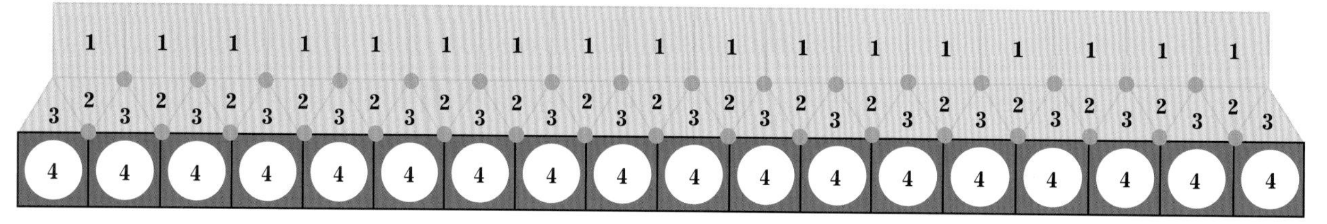

步骤5

6 按照上述步骤继续连接，直到整个毯子完工为止；可自己选择填充花片的颜色；我只是想让填充花片与周围的花片形成对比，使其更加醒目。

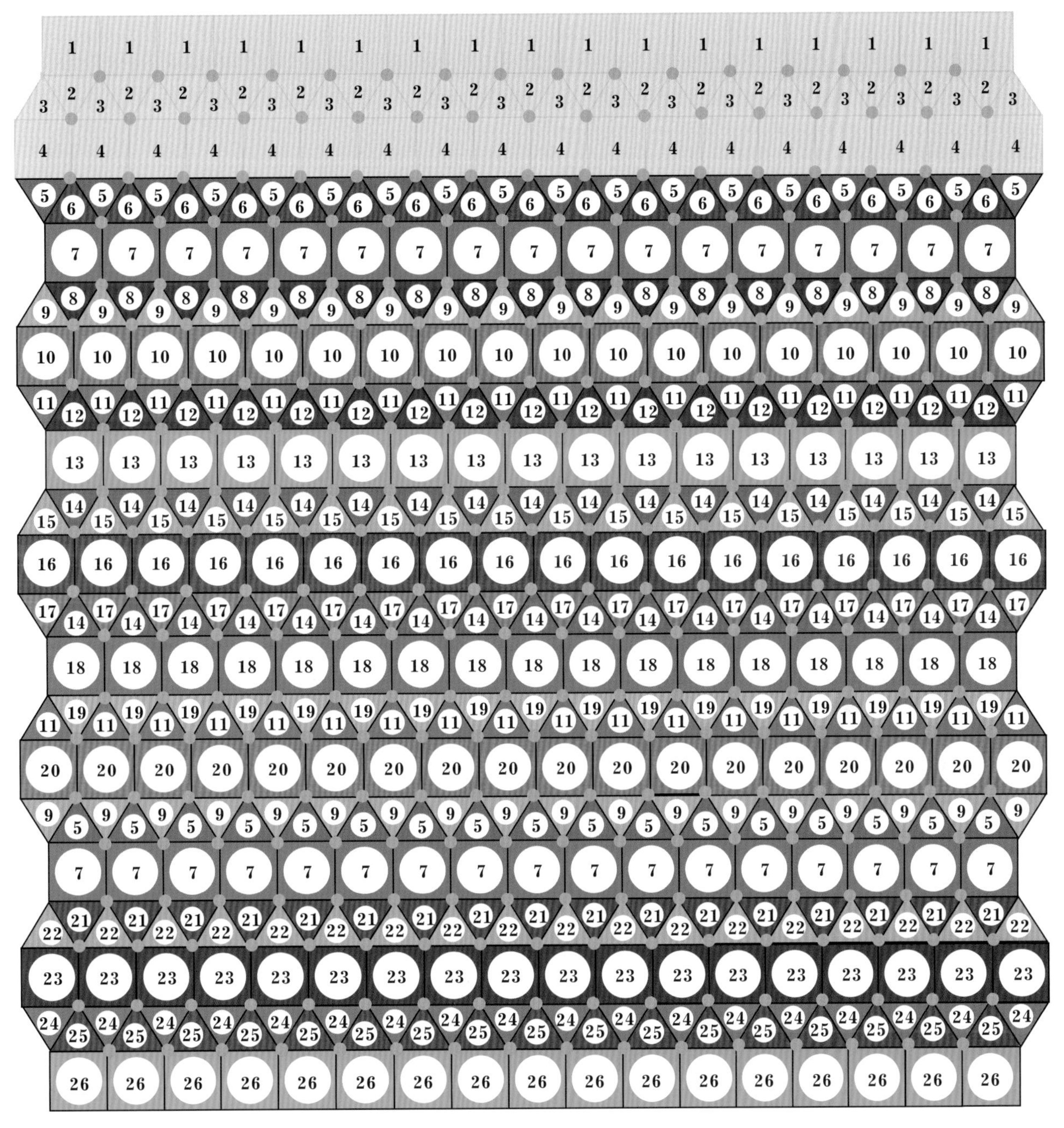

步骤6

配色变化1

可选择亮蓝色、艳紫色和暗绿色这些更冷的颜色；用这种冷色系的零线来钩。

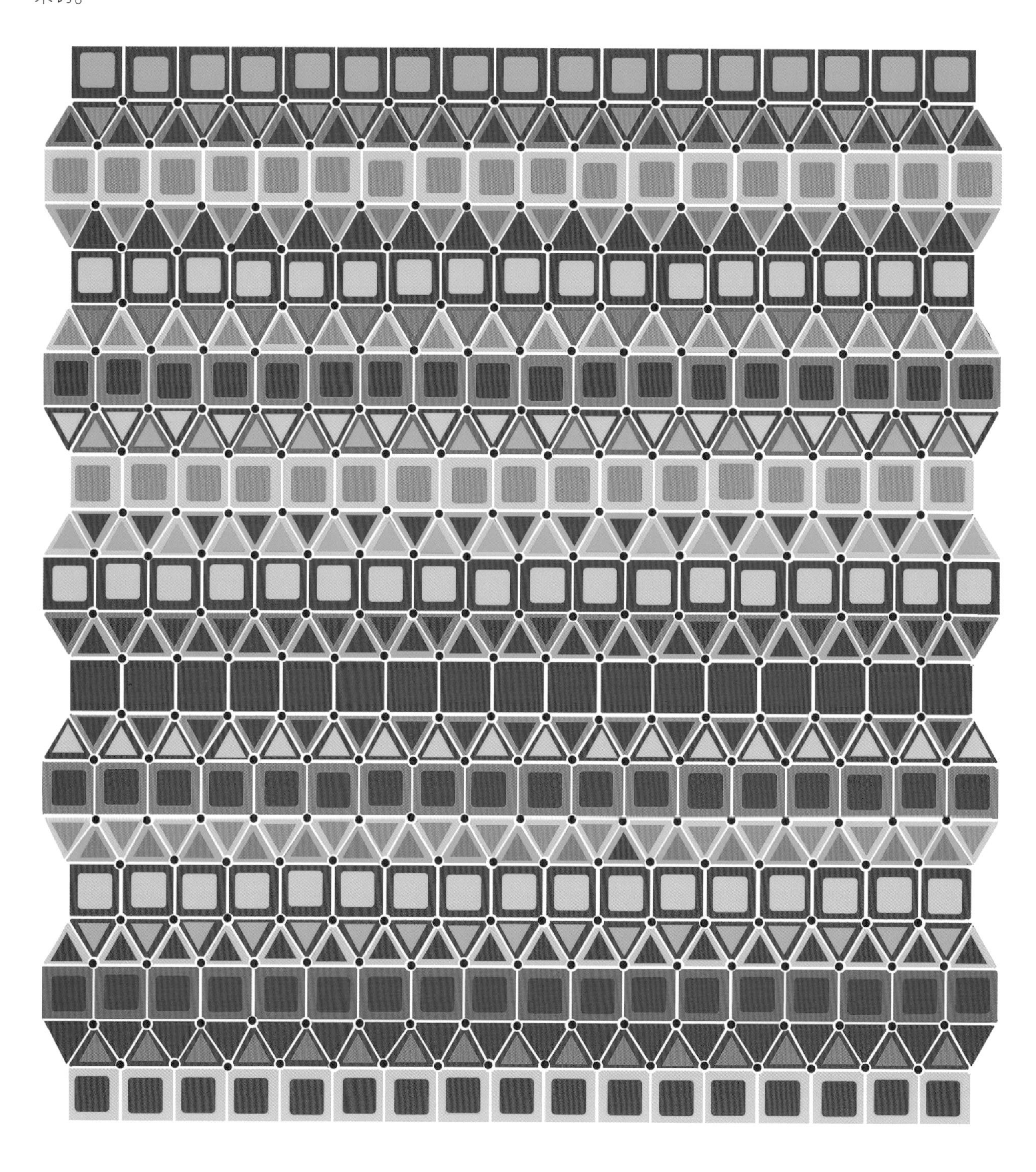

配色变化2

若想要更饱满的暖色系，可选择充满活力的粉色、活泼的紫色以及浓重的橙色，并用平和的黄色连接起来。

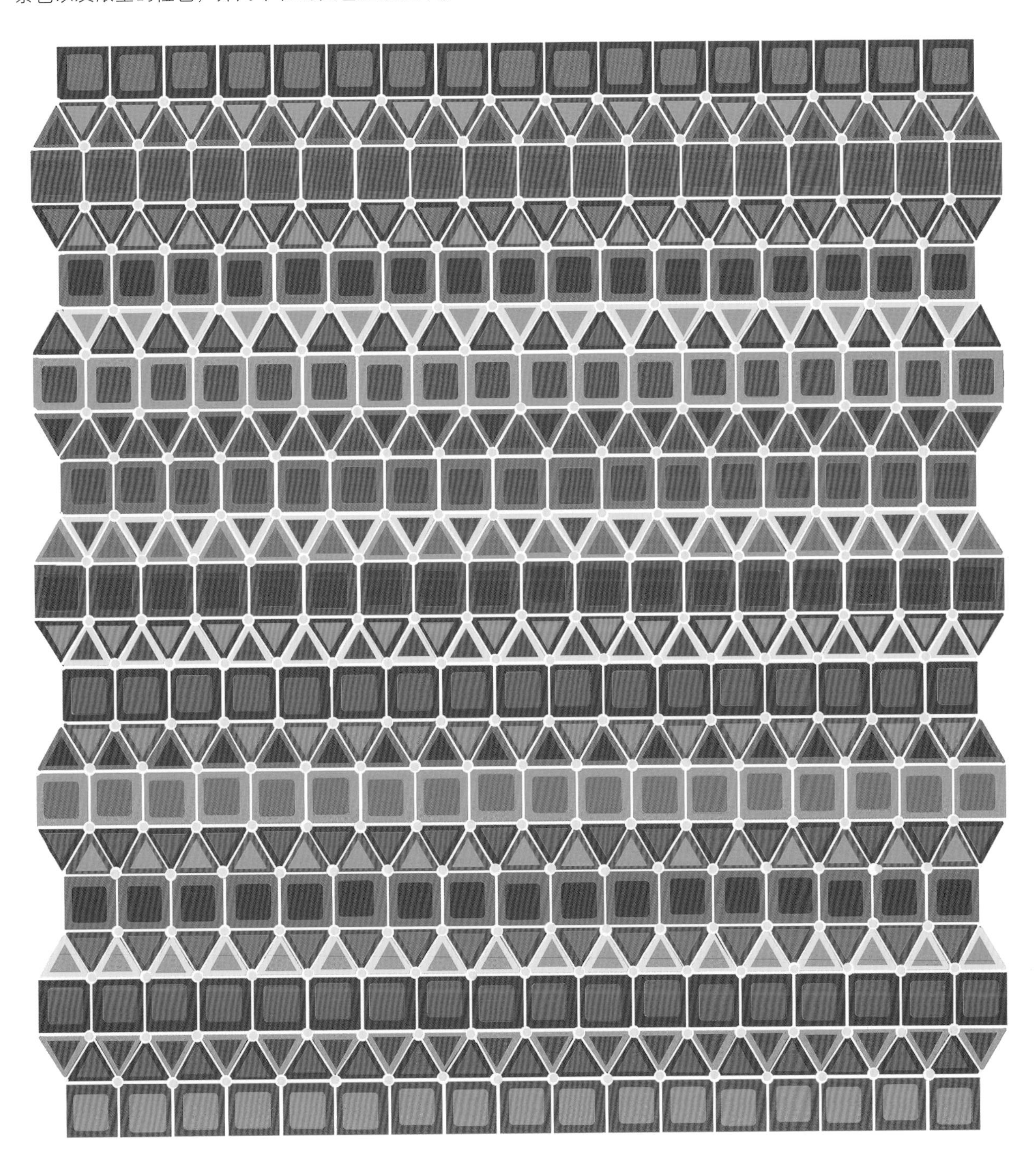

玫瑰花窗

我的玫瑰花窗毯子灵感来自哥特式大教堂彩色玻璃窗。这么命名也是为了感谢来自毛线圈的我所有染色和纺纱的朋友。这款毯子的绒线来自Fyberspates，Easyknits，Skein Queen，The Knitting Goddess，John Arbon Textiles和天然染色工作室。其中背景色为类似于树莓粉色的颜色，这是天然染色工作室的核心颜色，是用胭脂虫红染成的。这款毯子从中心部分开始向外钩。

成品尺寸

大约直径135cm

钩针型号

3mm或3.25mm（英制11号或10号）

绒线种类

4股线：360m/100g

绒线说明

我用制作其他作品时剩余的零线来制作这款作品。如果你更喜欢买新线，可以考虑选择下面的绒线品牌，但不一定要用相同的染色缸号。

英国本土品牌

Skein Queen：Selkino, Lustrous

John Arbon Textiles：Exmoor Sock，Knit by Numbers 4股

Easyknits：Splendour

The Little Grey Sheep：Stein 4股

世界其他商业品牌

Drops: Alpaca，Alpaca/Silk

Fyberspates: Vivacious 4股

Cascade: 220 Fingering, Heritage Silk

Knit Picks: Palette

色环

可利用其他作品剩余的零线制作。

金色：150g

橙色：200g

洋红色：10g

玫瑰色：350g

紫罗兰色：150g

靛蓝色：100g

翡翠绿色：150g

绿色：50g

组合

连接：把钩好的正方形花片用引拔针或者其他针法将各边连接起来。在花片每条边上的针目之间相对应的空隙内钩。

收尾：要加饰边的话，可以钩2行短针。

配色图

这幅图旨在让你对毯子的结构以及颜色搭配有个大概了解。68页和69页分步骤详细说明了毯子花片的连接方法。这里最醒目的颜色是玫瑰色，但你不一定要用和我一样的颜色。可参考70页和71页的另外两幅配色变化图，仅提供一些启发。

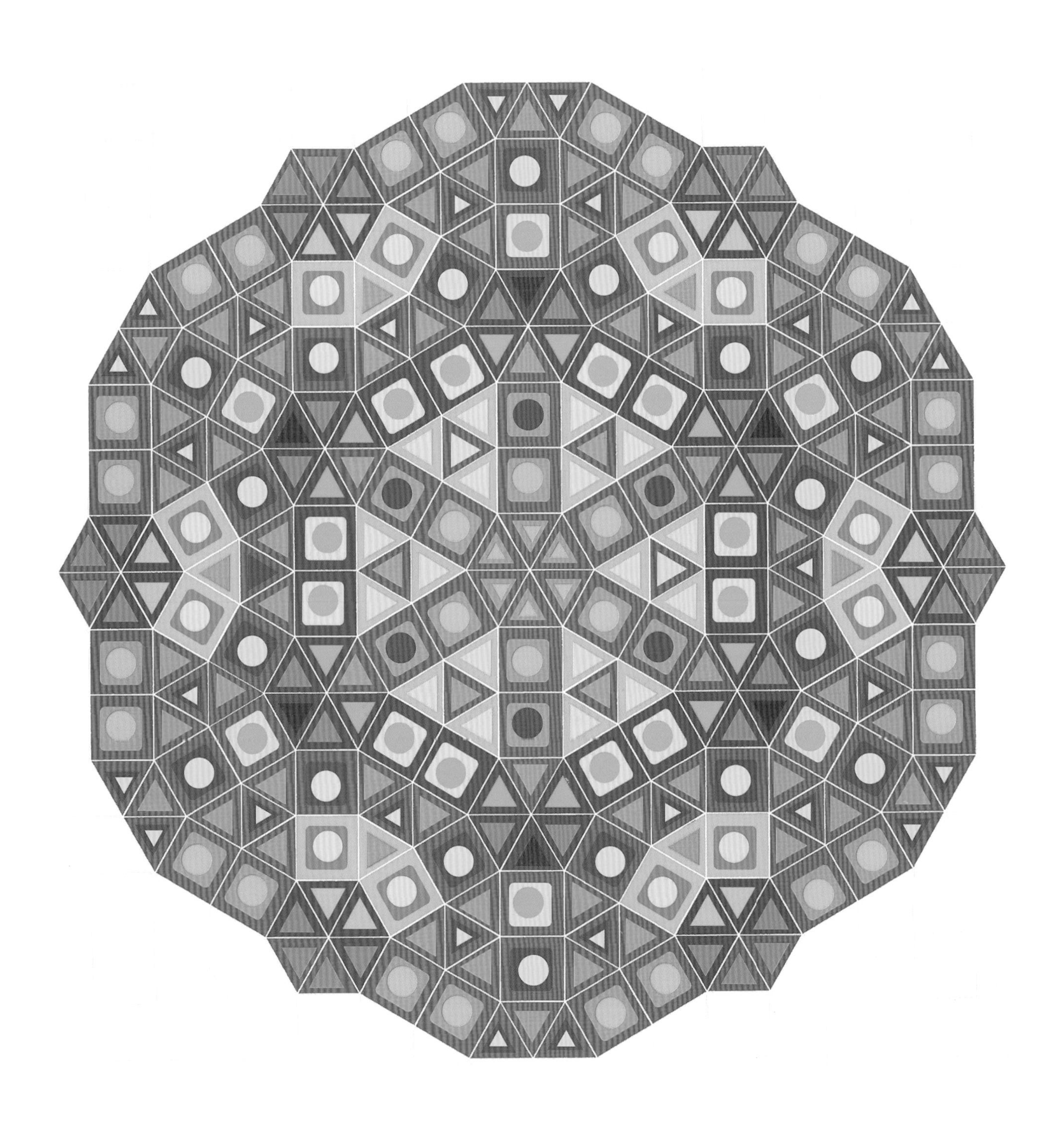

正方形花片

7.5cm×7.5cm

用色线1钩4针锁针，并用引拔针连成一个环。

第1圈：钩2针锁针（作为1针中长针），在环上钩11针中长针。用引拔针连接头2针锁针中的第2针（共12针中长针）。

第2圈：在本圈以及以下各圈中，在之前一圈针目之间的空隙内钩。钩2针锁针（作为1针中长针），在该空隙内再钩1针中长针，*在下1个空隙内钩2针中长针*。重复*之间的内容10次。用引拔针连接头2针锁针中的第2针（共24针中长针）。断线。

第3圈：在第2圈结束的地方接上色线2，在第1个空隙内钩3针锁针（作为1针长针），*在下1个空隙内钩1针中长针，在下3个空隙内各钩1针短针，在下1个空隙内钩1针中长针，在下1个空隙内钩（1针长针，2针锁针**，1针长针）（即钩好一个角）*。重复*之间的内容3次，最后1次重复在**处结束。用引拔针连接头3针锁针中的第3针。断线。

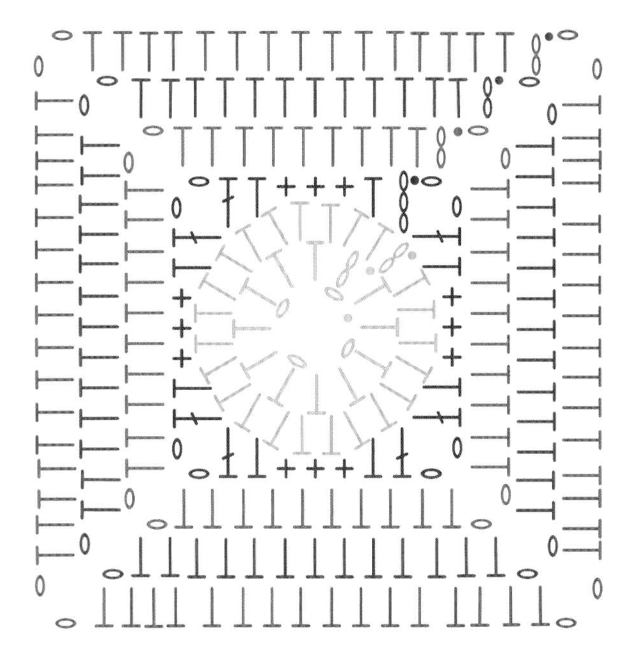

花片针法图解

第4圈：在任意一角接上色线3，钩2针锁针（作为1针中长针），在该角再钩1针中长针，*在下6个空隙内各钩1针中长针，在角处钩（2针中长针，2针锁针**，2针中长针）*。重复*之间的内容3次，最后1次重复在**处结束。用引拔针连接头2针锁针中的第2针。

第5圈：钩2针锁针（作为1针中长针），在该空隙内再钩1针中长针（若将钩针稍微倾斜一下，会更容易钩），*在下9个空隙内各钩1针中长针，在角处钩（2针中长针，2针锁针**，2针中长针）*。重复*之间的内容3次，最后1次重复在**处结束。用引拔针连接头2针锁针中的第2针。断线。

第6圈：钩2针锁针（作为1针中长针），在该空隙内再钩1针中长针（若将钩针稍微倾斜一下，会更容易钩），*在下12个空隙内各钩1针中长针，在角处钩（2针中长针，2针锁针**，2针中长针）*。重复*之间的内容3次，最后1次重复在**处结束。用引拔针连接头2针锁针中的第2针。断线。

三角形花片
边长7.5cm

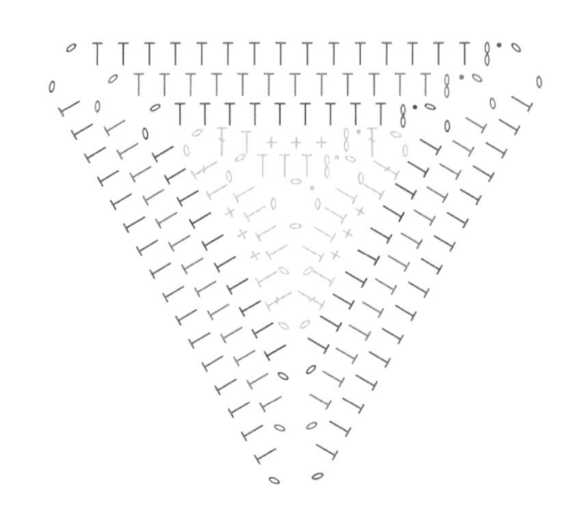
花片针法图解

用色线1钩4针锁针，并用引拔针连成一个环。

第1圈：钩2针锁针（作为1针中长针），在环上钩3针中长针，2针锁针，*在环上钩4针中长针，2针锁针*。重复*之间的内容1次。用引拔针连接头2针锁针中的第2针。

第2圈：在本圈以及以下各圈中，在之前一圈针目之间的空隙内钩。钩2针锁针（作为1针中长针），*在下3个空隙内各钩1针短针，在下1个空隙内钩（1针中长针，1针长针，2针锁针，1针长针**，1针中长针）（这便形成一个角）*。重复*之间的内容2次，最后1次重复在**处结束。用引拔针连接头2针锁针中的第2针。断线。

第3圈：在其中一个2针锁针形成的角处接上色线2，钩2针锁针（作为1针中长针），在该2针锁针处再钩1针中长针，*在下6个空隙内各钩1针中长针，在角处钩（2针中长针，2针锁针**，2针中长针）*。重复*之间的内容2次，最后1次重复在**处结束。用引拔针连接头2针锁针中的第2针。断线。

第4圈：在其中一个2针锁针形成的角处接上色线3，钩2针锁针（作为1针中长针），在该2针锁针处再钩1针中长针，*在下9个空隙内各钩1针中长针，在下1个空隙内钩（2针中长针，2针锁针**，2针中长针）（这便形成一个角）*。重复*之间的内容2次，最后1次重复在**处结束。用引拔针连接头2针锁针中的第2针。

第5圈：钩2针锁针（作为1针中长针），在该2针锁针处再钩1针中长针（若将钩针稍微倾斜一下，会更容易钩），*在下12个空隙内各钩1针中长针，在下1个空隙内钩（2针中长针，2针锁针**，2针中长针）（这便形成一个角）*。重复*之间的内容2次，最后1次重复在**处结束。用引拔针连接头2针锁针中的第2针。断线。

颜色分布说明

花片	第1、2圈	第3圈	第4圈	第5圈	第6圈
三角形花片1：6个	翡翠绿色	橙色	玫瑰色	玫瑰色	
正方形花片2：30个	翡翠绿色	金色	橙色	橙色	玫瑰色
三角形花片3：18个	金色	翡翠绿色	翡翠绿色	玫瑰色	
三角形花片4：66个	金色	橙色	橙色	玫瑰色	
正方形花片5：6个	紫罗兰色	金色	橙色	橙色	玫瑰色
三角形花片6：12个	绿色	紫罗兰色	紫罗兰色	靛蓝色	
正方形花片7：12个	绿色	金色	紫罗兰色	紫罗兰色	靛蓝色
三角形花片8：12个	靛蓝色	紫罗兰色	紫罗兰色	玫瑰色	
三角形花片9：6个	洋红色	紫罗兰色	紫罗兰色	靛蓝色	
正方形花片10：6个	绿色	金色	玫瑰色	玫瑰色	玫瑰色
正方形花片11：18个	金色	紫罗兰色	玫瑰色	玫瑰色	玫瑰色
三角形花片12：30个	金色	紫罗兰色	玫瑰色	玫瑰色	
三角形花片13：6个	橙色	翡翠绿色	翡翠绿色	玫瑰色	
正方形花片14：12个	金色	靛蓝色	翡翠绿色	翡翠绿色	玫瑰色
三角形花片15：24个	翡翠绿色	紫罗兰色	紫罗兰色	靛蓝色	
三角形花片16：12个	靛蓝色	紫罗兰色	玫瑰色	玫瑰色	

玫瑰花窗花片的连接方法

1 从毯子的中心部分开始，将6个三角形花片1用引拔针连成一个六边形。

2 从中心部分往外连接，一次连接一层花片。选取6个正方形花片2，按照图示用引拔针连接起来。

3 选取6个三角形花片3、6个三角形花片4和6个正方形花片5，按照图示用引拔针连接起来。

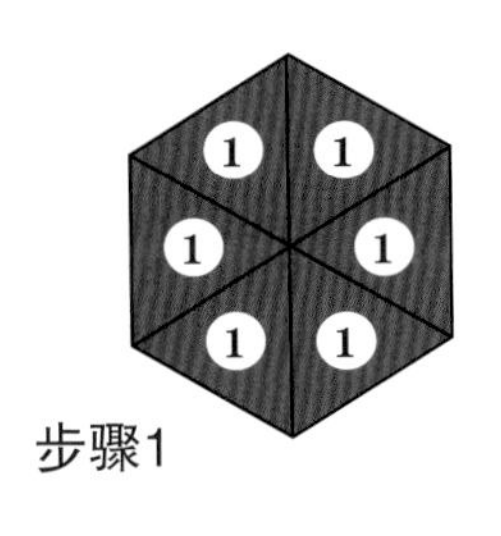
步骤1

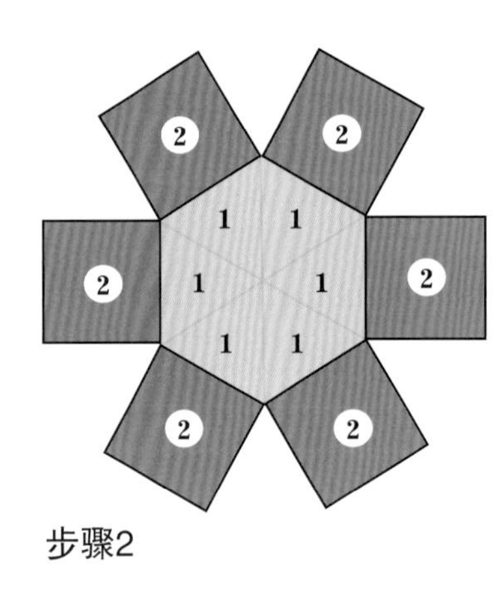
步骤2

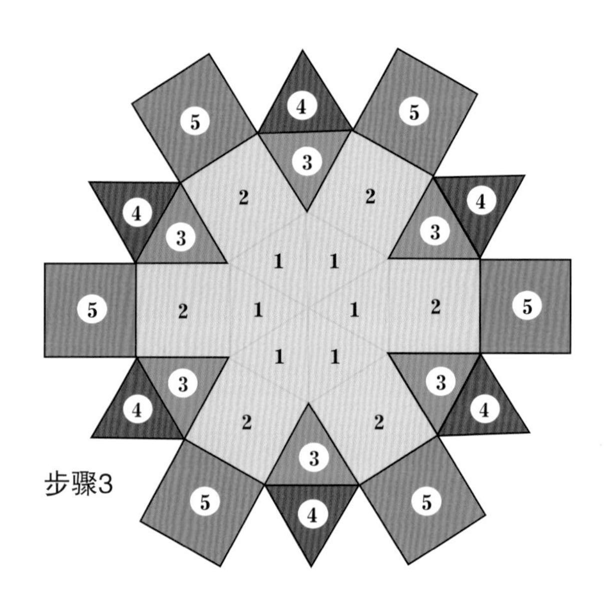
步骤3

4 选取12个三角形花片3、6个三角形花片4和12个正方形花片7，按照图示用引拔针连接起来。

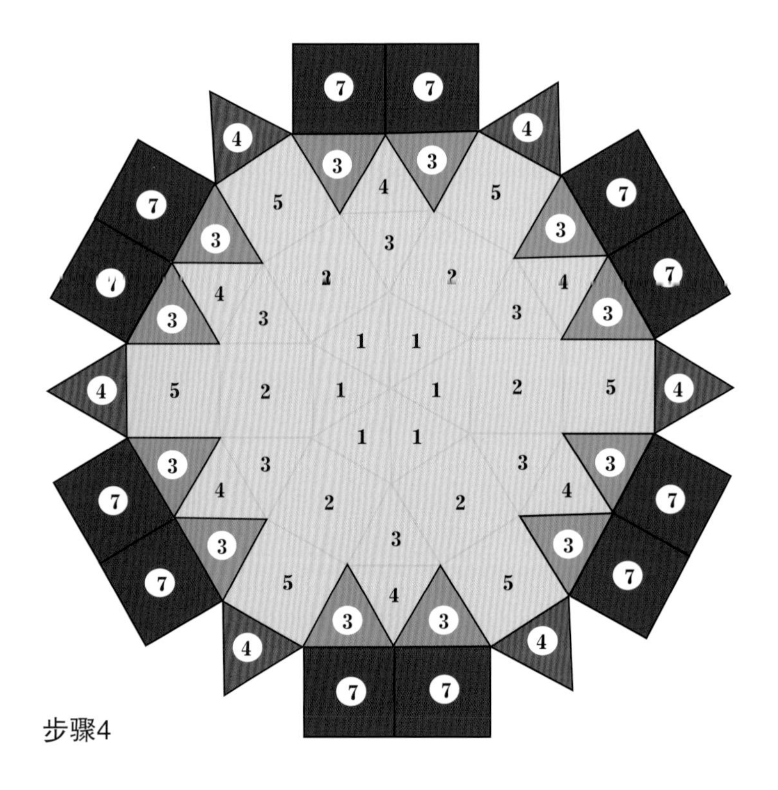
步骤4

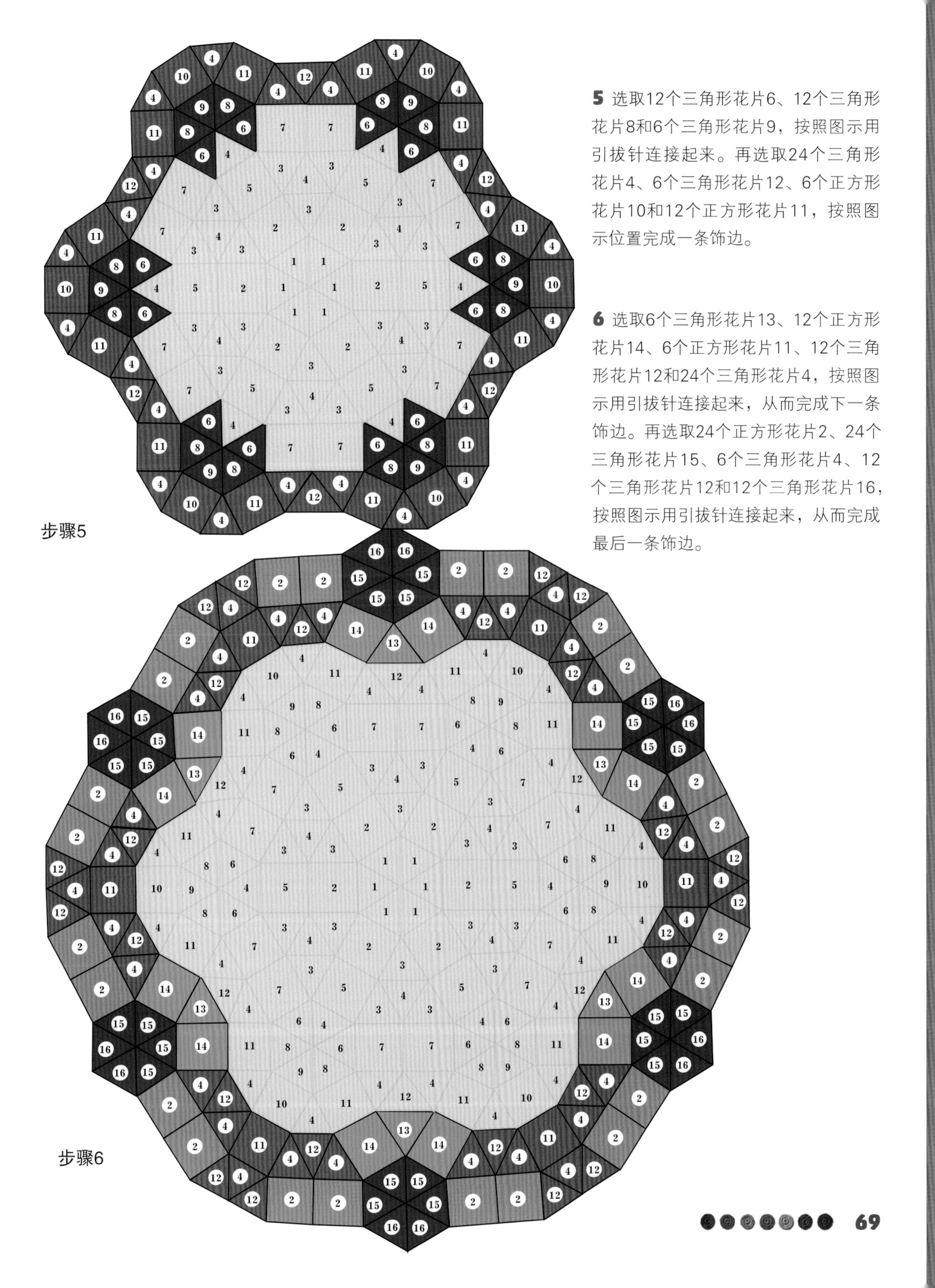

步骤5

步骤6

5 选取12个三角形花片6、12个三角形花片8和6个三角形花片9，按照图示用引拔针连接起来。再选取24个三角形花片4、6个三角形花片12、6个正方形花片10和12个正方形花片11，按照图示位置完成一条饰边。

6 选取6个三角形花片13、12个正方形花片14、6个正方形花片11、12个三角形花片12和24个三角形花片4，按照图示用引拔针连接起来，从而完成下一条饰边。再选取24个正方形花片2、24个三角形花片15、6个三角形花片4、12个三角形花片12和12个三角形花片16，按照图示用引拔针连接起来，从而完成最后一条饰边。

配色变化1

在这个配色版本中，我去掉蓝色系，减少颜色的种类——从而突出明快的绿色和黄色的撞色效果。

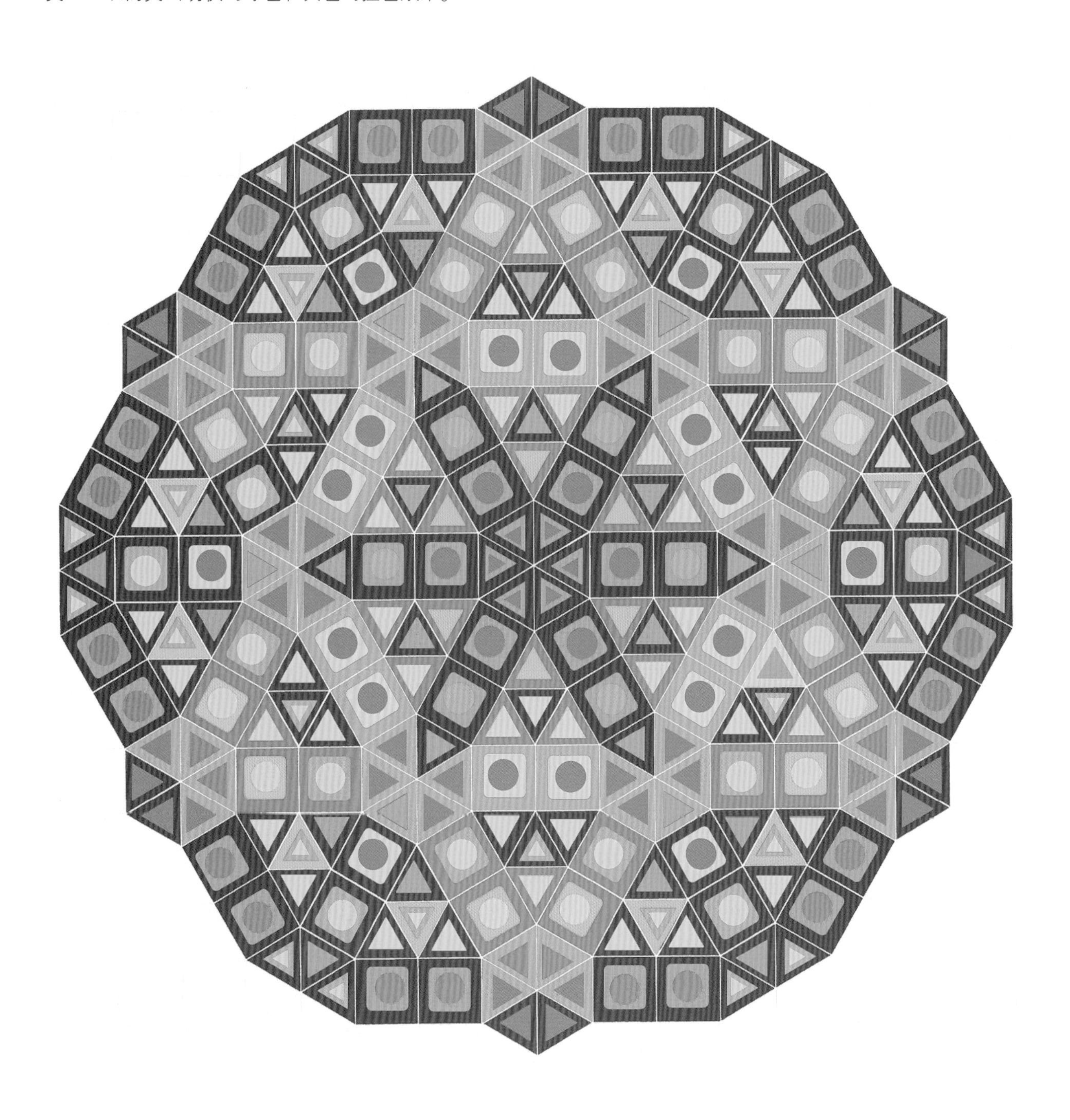

配色变化2

在这个配色版本中，我选取了宝石色系：即鲜艳明快的红宝石色、绿宝石色和蓝宝石色。虽然也加了许多其他不同的颜色，但整个图案很和谐，这些颜色能很好地搭配在一起。

结纹花园

这款漂亮的毯子灵感来自我在20世纪90年代制作的一款拼布。当时是受都铎王朝的结纹花园（Knot Garden）启发而制作的。结纹花园一般按照几何图案布局，每个花坛的周围用树篱围着。我曾经到英国赫特福德郡的哈特菲尔德庄园参观一次拼布展览。展览期间，我抽了些时间参观了一座结纹花园——其几何结构和颜色用于制作几何图案毯子再完美不过了。

成品尺寸

168cm × 168cm

钩针型号

3mm或3.25mm（英制11号或10号）

绒线种类

4股线：360m/100g

绒线说明

我用制作其他作品时剩余的零线来制作这款作品。如果你更喜欢买新线，可以考虑选择下面的绒线品牌，但不一定要用相同的染色缸号。

英国本土品牌

Skein Queen：Selkino, Lustrous
John Arbon Textiles：Exmoor Sock, Knit by Numbers 4股
Easyknits：Splendour
The Little Grey Sheep：Stein 4股

世界其他商业品牌

Drops：Alpaca，Alpaca/Silk
Fyberspates：Vivacious 4股
Cascade：220 Fingering, Heritage Silk
Knit Picks：Palette

色环

可利用其他作品剩余的零线制作。我建议每种色系都选取一些深浅不同的颜色，然后在毯子中交替使用，这样成品显得更精美细腻。

金色：50g

玫瑰色：50g

淡紫色：450g

红醋栗色：350g

深紫色：450g

碧蓝色：550g

组合

连接：把钩好的正方形花片用引拔针或者其他针法将各边连接起来。在花片每条边上的针目之间相对应的空隙内钩。

收尾：要加饰边的话，可以钩2行短针。

配色图

这幅图旨在让你对毯子的结构以及颜色搭配有个大概了解。79~81页分步骤详细说明了毯子花片的连接方法。这里最醒目的颜色是紫色，但你不一定要用和我一样的颜色。可参考82页和83页的另外两幅配色变化图。

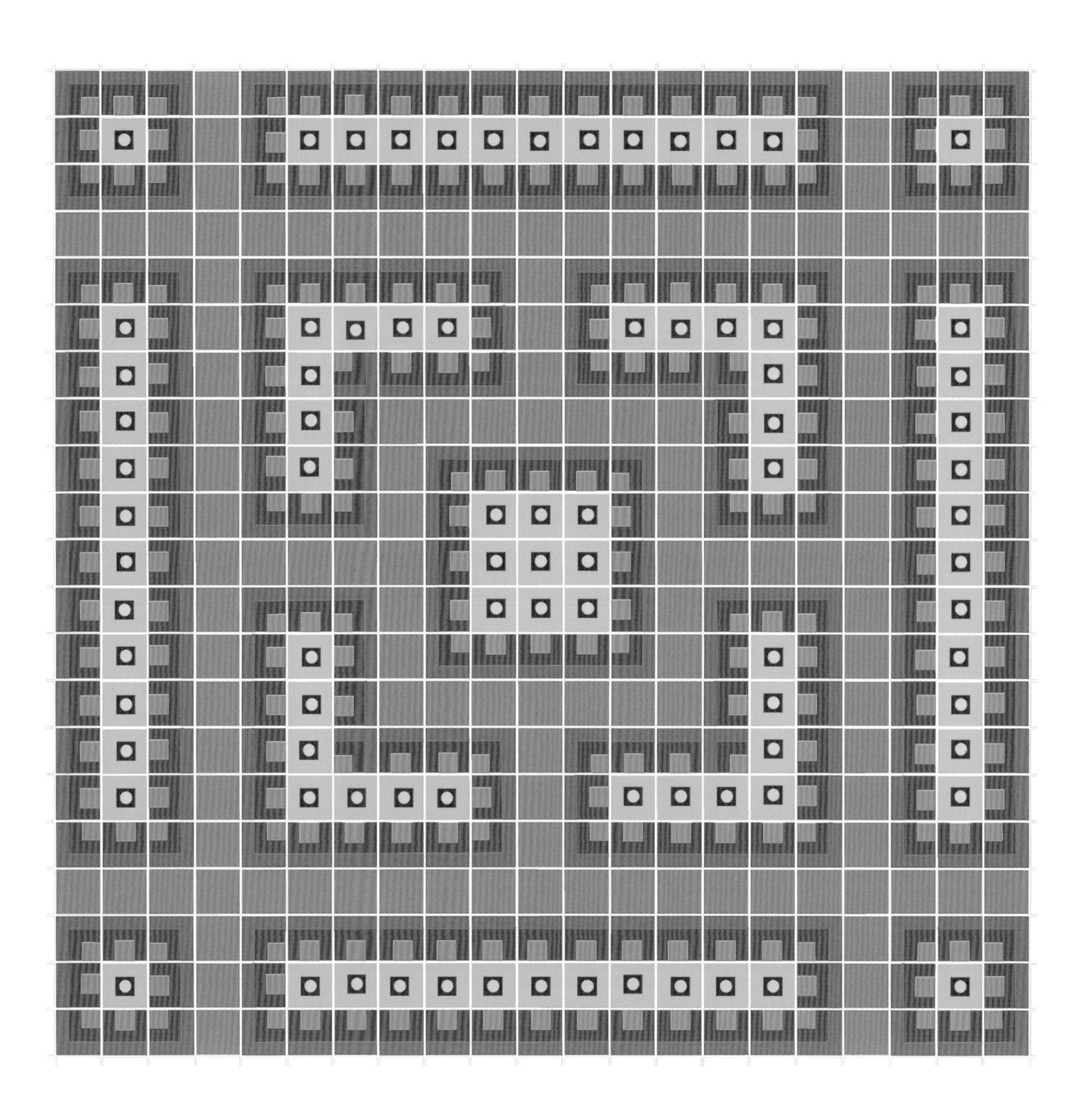

正方形花片

7.5cm× 7.5cm

用色线1钩4针锁针，并用引拔针连成一个环。

第1圈：钩2针锁针（作为1针中长针），在环上钩11针中长针。用引拔针连接头2针锁针中的第2针（共12针中长针）。

第2圈：在本圈以及以下各圈中，在之前一圈针目之间的空隙内钩。钩2针锁针（作为1针中长针），在该空隙内再钩1针中长针，*在下1个空隙内钩2针中长针*。重复*之间的内容10次。用引拔针连接头2针锁针中的第2针（共24针中长针）。断线。

第3圈：在第2圈结束的地方接上色线2，在第1个空隙内钩3针锁针（作为1针长针），*在下1个空隙内钩1针中长针，在下3个空隙内各钩1针短针，在下1个空隙内钩1针中长针，在下1个空隙内钩（1针长针，2针锁针**，1针长针）（即钩好一个角）*。重复*之间的内容3次，最后1次重复在**处结束。用引拔针连接头3针锁针中的第3针。断线。

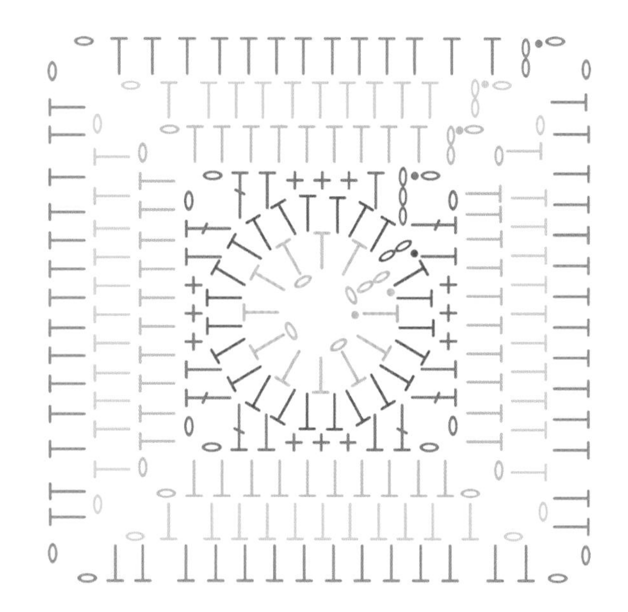

花片针法图解

第4圈：在任意一角接上色线3，钩2针锁针（作为1针中长针），在该角再钩1针中长针，*在下6个空隙内各钩1针中长针，在角处钩（2针中长针，2针锁针**，2针中长针）*。重复*之间的内容3次，最后1次重复在**处结束。用引拔针连接头2针锁针中的第2针。

第5圈：钩2针锁针（作为1针中长针），在该空隙内再钩1针中长针（若将钩针稍微倾斜一下，会更容易钩），*在下9个空隙内各钩1针中长针，在角处钩（2针中长针，2针锁针**，2针中长针）*。重复*之间的内容3次，最后1次重复在**处结束。用引拔针连接头2针锁针中的第2针。

第6圈：钩2针锁针（作为1针中长针），在该空隙内再钩1针中长针（若将钩针稍微倾斜一下，会更容易钩），*在下12个空隙内各钩1针中长针，在角处钩（2针中长针，2针锁针**，2针中长针）*。重复*之间的内容3次，最后1次重复在**处结束。用引拔针连接头2针锁针中的第2针。断线。

三边拼接正方形花片

7.5cm×7.5cm

用色线1钩4针锁针，并用引拔针连成一个环。

第1圈： 钩2针锁针（作为1针中长针），在环上钩11针中长针。用引拔针连接头2针锁针中的第2针（共12针中长针）。

第2圈： 在本圈以及以下各圈中，在之前一圈针目之间的空隙内钩。钩2针锁针（作为1针中长针），在该空隙内再钩1针中长针，*在下1个空隙内钩2针中长针*。重复*之间的内容10次。用引拔针连接头2针锁针中的第2针（共24针中长针）。

第3圈： 在第1个空隙内钩［3针锁针（作为1针长针），2针锁针，1针长针］（即钩好一个角），*在下1个空隙内钩1针中长针，在下3个空隙内各钩1针短针，在下1个空隙内钩1针中长针**，在下1个空隙内钩（1针长针，2针锁针，1针长针）（即钩好一个角）*。重复*之间的内容3次，最后1次重复在**处结束。用引拔针连接头3针锁针中的第3针。断线。

第4圈： 在任意一角接上色线2，钩2针锁针（作为1针中长针），在该角再钩1针中长针，*在下6个空隙内各钩1针中长针，在角处钩（2针中长针**，2针锁针，2针中长针）*。重复*之间的内容2次，最后1次重复在**处结束。翻面。

第5圈： 在第4圈最后1针中长针上接色线3，钩2针锁针（作为1针中长针），跳过1个空隙，在下8个空隙内各钩1针中长针，在角处钩（2针中长针，2针锁针，2针中长针）。在下9个空隙内各钩1针中长针，在角处钩（2针中长针，2针锁针，2针中长针）。在下8个空隙内各钩1针中长针，跳过1个空隙，在2针锁针的顶部钩1针中长针。翻面。

花片针法图解

第6圈： 钩2针锁针（作为1针中长针），在下10个空隙内各钩1针中长针，在角处钩（2针中长针，2针锁针，2针中长针）。在下12个空隙内各钩1针中长针，在角处钩（2针中长针，2针锁针，2针中长针）。在下10个空隙内各钩1针中长针，在2针锁针的顶部钩1针中长针。断线。

第7圈： 在第6圈右上角接色线4，钩2针锁针（作为1针中长针），在该空隙内再钩1针中长针，在下15个空隙内各钩1针中长针，在角处钩2针中长针。翻面。

第8圈： 钩2针锁针（作为1针中长针），跳过1个空隙，在下16个空隙内各钩1针中长针，在2针锁针顶部钩1针中长针。翻面。

第9圈： 钩2针锁针（作为1针中长针），在下17个空隙内各钩1针中长针，在2针锁针顶部钩1针中长针。断线。

对角斜接正方形花片

7.5cm×7.5cm

用色线1钩4针锁针，并用引拔针连成一个环。

第1圈：钩2针锁针（作为1针中长针），在环上钩11针中长针。用引拔针连接头2针锁针中的第2针（共12针中长针）。

第2圈：在本圈以及以下各圈中，在之前一圈针目之间的空隙内钩。钩2针锁针（作为1针中长针），在该空隙内再钩1针中长针，*在下1个空隙内钩2针中长针*。重复*之间的内容10次。用引拔针连接头2针锁针中的第2针（共24针中长针）。

第3圈：在第1个空隙内钩［3针锁针（作为1针长针），2针锁针，1针长针］（即钩好一个角），*在下1个空隙内钩1针中长针，在下3个空隙内各钩1针短针，在下1个空隙内钩1针中长针**，在下1个空隙内钩（1针长针，2针锁针，1针长针）（即钩好一个角）*。重复*之间的内容3次，最后1次重复在**处结束。用引拔针连接头3针锁针中的第3针。断线。

第4圈：在任意一角接上色线2，钩2针锁针（作为1针中长针），在该角再钩1针中长针，在下6个空隙内各钩1针中长针，在角处钩（2针中长针，2针锁针，2针中长针），在下6个空隙内各钩1针中长针，在角处钩2针中长针。断线。翻面。

第5圈：在第4圈最后1针中长针上接色线3，钩2针锁针（作为1针中长针），跳过1个空隙，在下8个空隙内各钩1针中长针，在角处钩（2针中长针，2针锁针，2针中长针），在下9个空隙内各钩1针中长针。翻面。

第6圈：钩2针锁针（作为1针中长针），在下10个空隙内各钩1针中长针，在角处钩（2针中长针，2针锁针，2针中长针）。在下10个空隙内各钩1针中长针，在2针锁针的顶部钩1针中长针。断线。翻面。

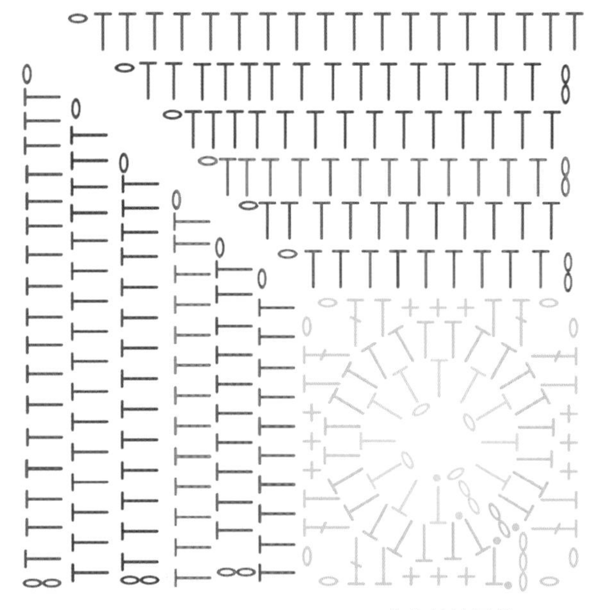

花片针法图解

第7圈：在第6圈最后1针中长针上接色线4，钩2针锁针（作为1针中长针），在下12个空隙内各钩1针中长针，在角处钩（2针中长针，2针锁针，2针中长针），在下12个空隙内各钩1针中长针，在2针锁针的顶部钩1针中长针。翻面。

第8圈：钩2针锁针（作为1针中长针），跳过1个空隙，在下13个空隙内各钩1针中长针，在角处钩（2针中长针，2针锁针，2针中长针），在下14个空隙内各钩1针中长针。翻面。

第9圈：钩2针锁针（作为1针中长针），在下15个空隙内各钩1针中长针，在角处钩（2针中长针，2针锁针，2针中长针），在下15个空隙内各钩1针中长针，在2针锁针顶部钩1针中长针。断线。

颜色分布说明

花片	第1圈	第2圈	第3圈	第4圈	第5圈	第6圈	第7~9圈
正方形花片1：85个	金色	玫瑰色	淡紫色	碧蓝色	碧蓝色	金色	
三边拼接正方形花片2：180个	碧蓝色	碧蓝色	碧蓝色	红醋栗色	红醋栗色	红醋栗色	深紫色
对角斜接正方形花片3：60个	碧蓝色	碧蓝色	碧蓝色	红醋栗色	红醋栗色	红醋栗色	深紫色
正方形花片4：116个	淡紫色	淡紫色	淡紫色	淡紫色	淡紫色	碧蓝色	

结纹花园花片的连接方法

1 结纹花园从中心开始，花片一圈一圈分别向外排列。选取9个花片1，如图所示用引拔针连接起来。

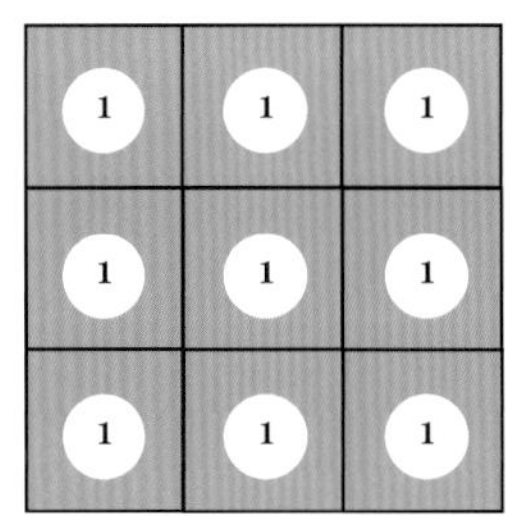

步骤1

2 选取12个花片2和4个花片3，用引拔针按照图示位置连接成第1条饰边。下面的图中，紫色线表示每个花片的深紫色边的排列位置。

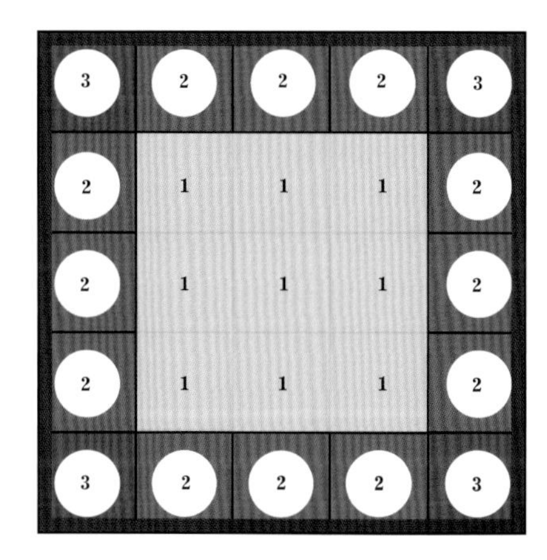

步骤2

3 选取24个花片4，用引拔针按照图示位置连接成第2条饰边。再选取4个花片4、12个花片3和16个花片2，按照图示位置连接成第3条饰边。

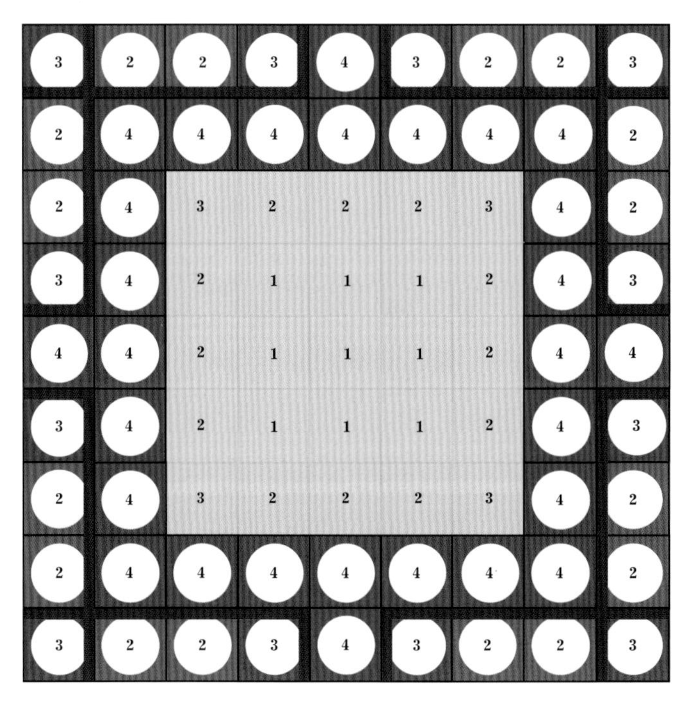

步骤3

4 选取4个花片4、8个花片2和28个花片1，用引拔针按照图示位置连接成第4条饰边。

5 第5条饰边需要4个花片4、12个花片3和32个花片2引拔连接。

6 用56个花片4完成第6条饰边。

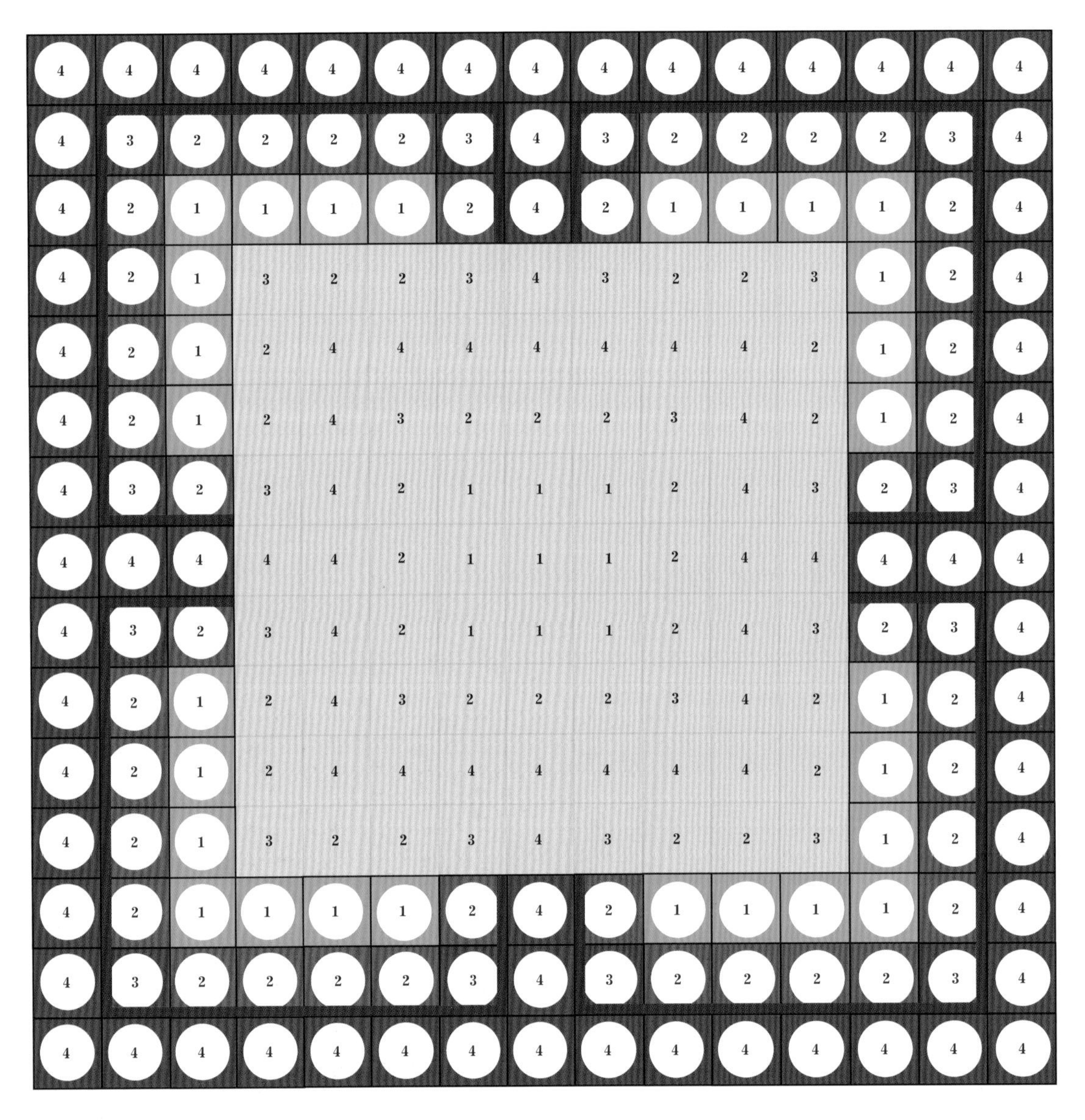

步骤4~6

7 选取12个花片3、8个花片4和44个花片2，用引拔针按照图示位置连接成第7条饰边。

8 用引拔针按照图示位置将48个花片1、16个花片2和8个花片4连接成第8条饰边。

9 选取8个花片4、20个花片3和52个花片2，按照图示位置用引拔针连接成最后一条饰边。

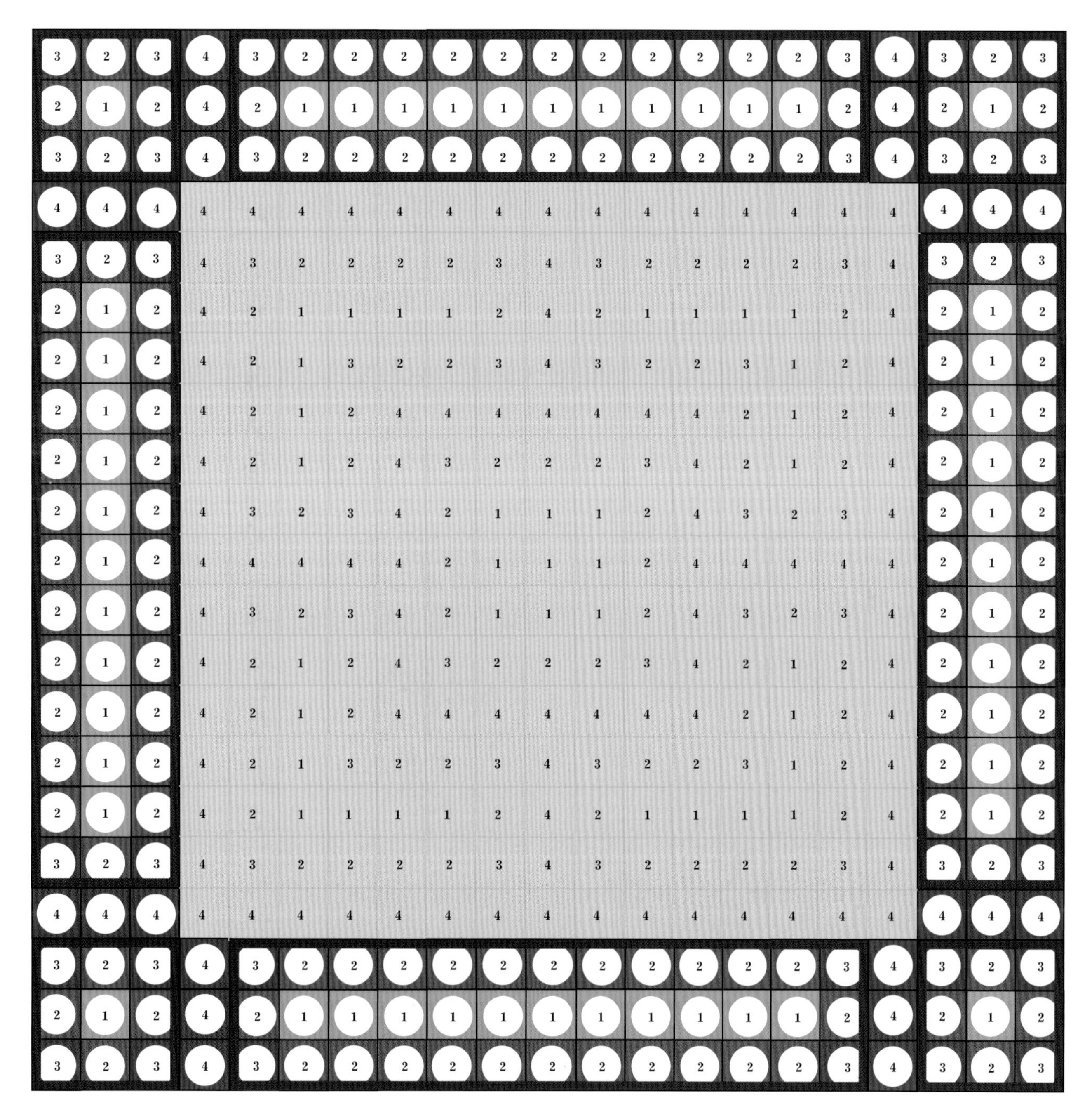

步骤7~9

配色变化1

用更富生机和活力的色彩代替粉色系和紫色系：如洋红色、蓝绿色、秋香绿色和橙色。这些鲜艳明快的色彩相互搭配协调，让你的家充满温暖。

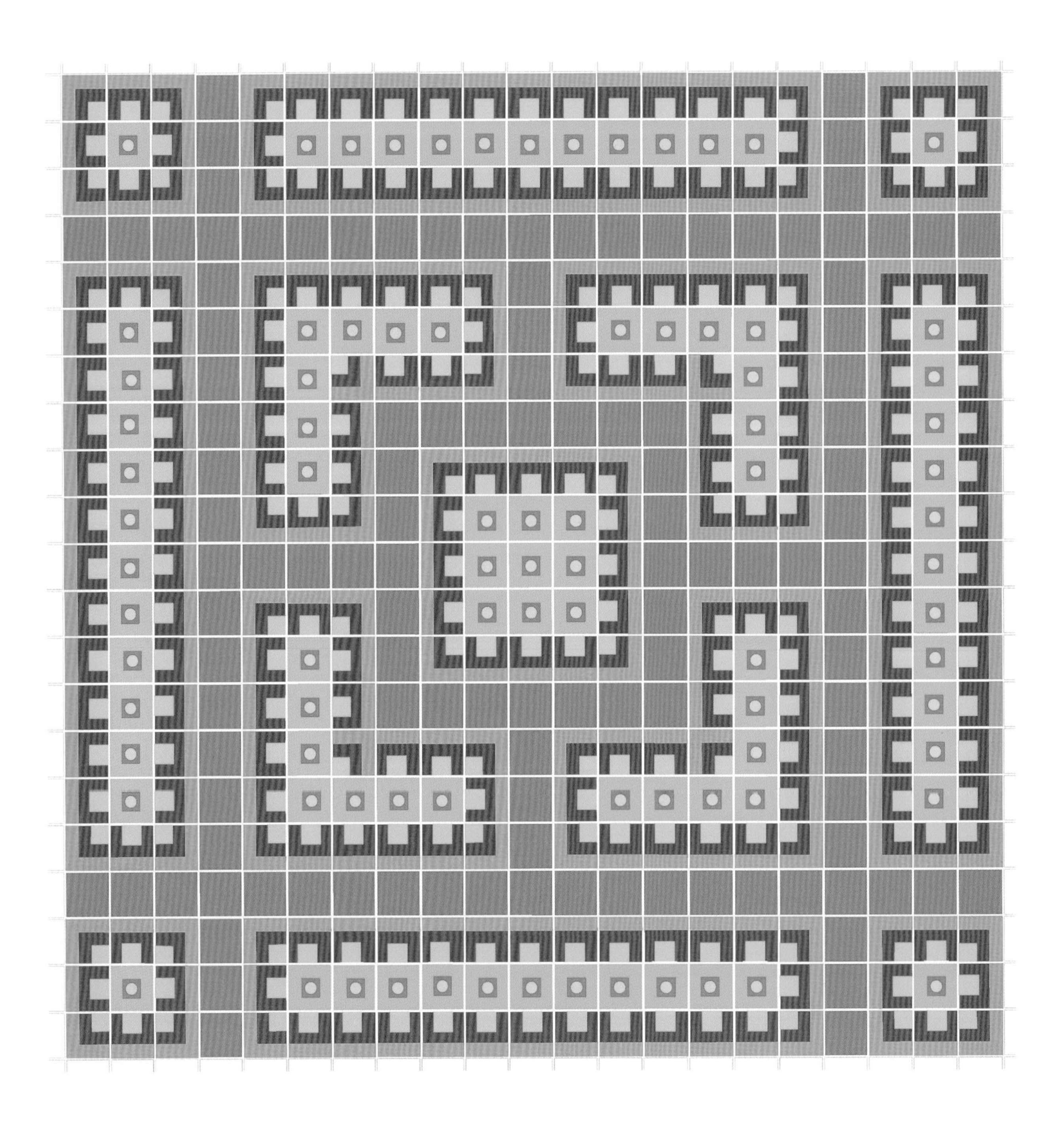

配色变化2

为你的花园增添些绿叶：静谧的深紫色穿梭于花园之中，与鲜亮的绿色元素相得益彰。

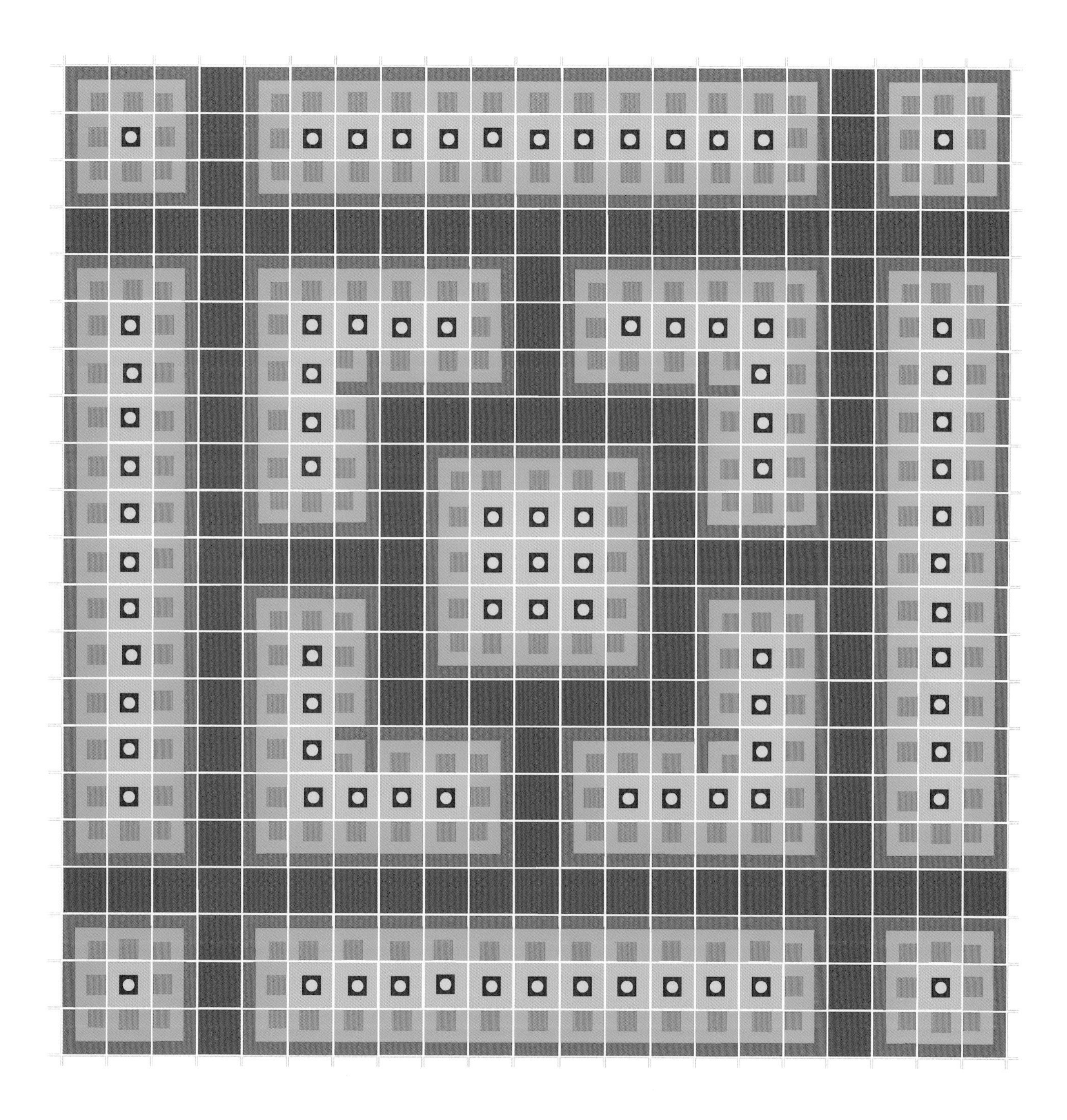

大雁

我特别喜欢传统拼布上的颜色和图案形状，这款设计的灵感就来自同样名为大雁的美国传统拼布被子。据说大雁被子挂在晾衣绳上是美国当时地下铁路被子密码的一种：地下铁路是美国黑奴逃离南方各州的秘密通道。美国黑奴通过这些秘密通道从奴隶制合法的南方各州逃到自由的北方各州和加拿大等地方。三角形（即大雁）的角的指向就是奴隶们在秘密通道中逃往的北方。虽然这只是个传说，但想到拼布被子不仅仅能御寒，还是反对奴隶制的有效工具就觉得很欣慰。

成品尺寸

119.5cm×145cm

钩针型号

3mm或3.25mm（英制11号或10号）

绒线种类

4股线：360m/100g

绒线说明

我用制作其他作品时剩余的零线来制作这款作品。如果你更喜欢买新线，可以考虑选择下面的绒线品牌，但不一定要用相同的染色缸号。

英国本土品牌

Skein Queen：Selkino, Lustrous
John Arbon Textiles：Exmoor Sock, Knit by Numbers 4股
Easyknits：Splendour
The Little Grey Sheep：Stein 4股

世界其他商业品牌

Drops：Alpaca，Alpaca/Silk
Fyberspates：Vivacious 4股
Cascade：220 Fingering, Heritage Silk
Knit Picks：Palette
Madelinetosh：Tosh Merino Light

色环

可利用其他作品剩余的零线制作。我建议每种色系都选取一些深浅不同的颜色，并在毯子中交替使用，这样成品显得更精美细腻。

深靛蓝色：600g

两种深浅不同的翡翠绿色：50g

两种深浅不同的绿色：50g

两种深浅不同的秋香绿色：50g

两种深浅不同的金色：50g

三种深浅不同的橙色：75g

两种深浅不同的洋红色：50g

两种深浅不同的玫瑰色：50g

三种深浅不同的紫罗兰色：75g

组合

连接：把钩好的三角形花片用引拔针或者其他针法将各边连接起来。在花片每条边上针目之间相对应的空隙内钩。

收尾：要加饰边的话，可以钩2行短针。

配色图

这幅图旨在让你对毯子的结构以及颜色搭配有个大概了解。90页和91页分步骤详细说明了毯子花片的连接方法。这里最醒目的颜色是蓝色，但你不一定要用和我一样的颜色。可参考92页和93页的另外两幅配色变化图。

三角形花片

边长10cm

用色线1钩4针锁针，并用引拔针连成一个环。

第1圈： 钩2针锁针（作为1针中长针），在环上钩3针中长针，2针锁针，*在环上钩4针中长针，2针锁针*。重复*之间的内容1次。用引拔针连接头2针锁针中的第2针。

第2圈： 在本圈以及以下各圈中，在之前一圈针目之间的空隙内钩。钩2针锁针（作为1针中长针），*在下3个空隙内各钩1针短针，在下1个空隙内钩（1针中长针，1针长针，2针锁针，1针长针**，1针中长针）（这便形成一个角）*。重复*之间的内容2次，最后1次重复在**处结束。用引拔针连接头2针锁针中的第2针。断线。

三角形的角： 在中心三角形的各个边上钩。

第1行：在任意一个2针锁针形成的角处接上色线2，钩2针锁针，在该角再钩1针短针，在下6个空隙内各钩1针短针，在下1个2针锁针形成的角处钩2针短针。翻面。

第2行：钩1针锁针，跳过1个空隙，在每个空隙内各钩1针短针至结束。

第3~9行：重复第2行。

断线。

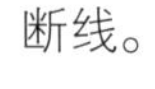

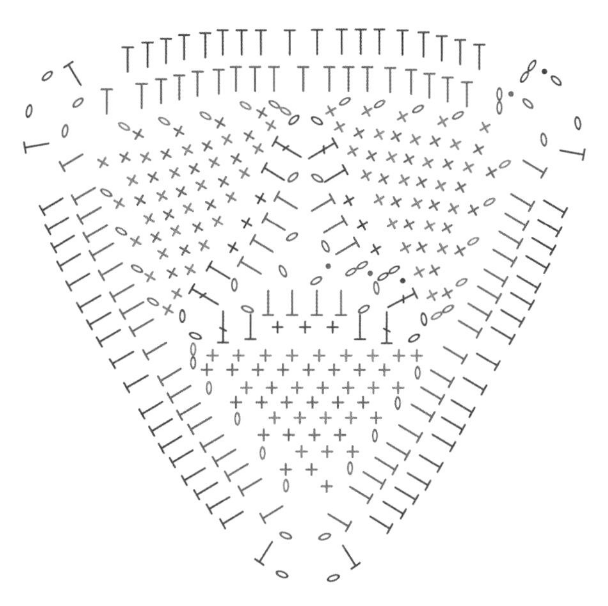

花片针法图解

第3圈： 在其中一个角的锁针和短针之间接上色线1，在该处再钩2针锁针（作为1针中长针），*在下8行行尾各钩1针中长针，在三角形边长中心的2针锁针形成的角处钩1针中长针，在下8行行尾各钩1针中长针，在角处的锁针和短针之间钩（1针中长针，2针锁针**，1针中长针）*。重复*之间的内容2次，最后1次重复在**处结束。用引拔针连接头2针锁针中的第2针（每条边上各有19针中长针）。

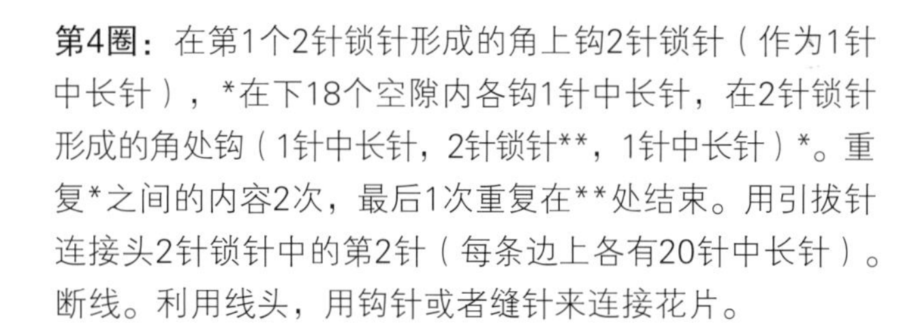

第4圈： 在第1个2针锁针形成的角上钩2针锁针（作为1针中长针），*在下18个空隙内各钩1针中长针，在2针锁针形成的角处钩（1针中长针，2针锁针**，1针中长针）*。重复*之间的内容2次，最后1次重复在**处结束。用引拔针连接头2针锁针中的第2针（每条边上各有20针中长针）。断线。利用线头，用钩针或者缝针来连接花片。

三角形饰边花片

下底长10cm，上底长5cm，腰长6.5cm

用色线钩4针锁针，并用引拔针连成一个环。

第1圈： 钩2针锁针（作为1针中长针），在环上钩3针中长针，2针锁针，*在环上钩4针中长针，2针锁针*。重复*之间的内容1次。用引拔针连接头2针锁针中的第2针。

第2圈： 在本圈以及以下各圈中，在之前一圈针目之间的空隙内钩。钩2针锁针（作为1针中长针），*在下3个空隙内各钩1针短针，在下1个空隙内钩（1针中长针，1针长针，2针锁针，1针长针**，1针中长针）（这便形成一个角）*。重复*之间的内容2次，最后1次重复在**处结束。用引拔针连接头2针锁针中的第2针。

三角形的角： 在中心三角形的两条边上钩。
第1行：在任意一个2针锁针形成的角处接上色线，钩2针锁针，在该角再钩1针短针，在下6个空隙内各钩1针短针，在下1个2针锁针形成的角处钩2针短针。翻面。
第2行：钩1针锁针，跳过1个空隙，在每个空隙内各钩1针短针至结束。
第3~9行：重复第2行。
断线。

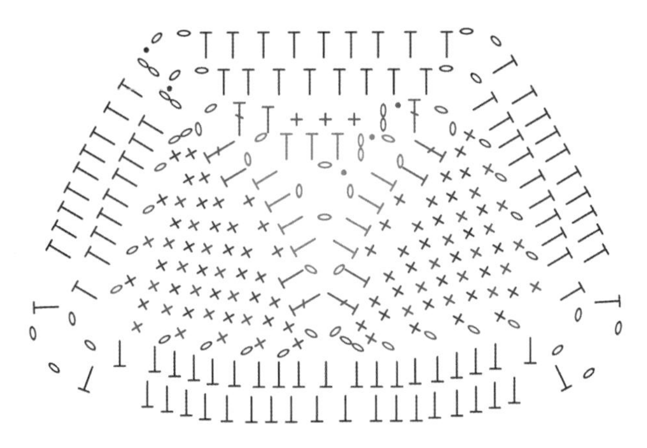

花片针法图解

第3圈： 在左上角接上色线，钩2针锁针（作为1针中长针），在下8行行尾各钩1针中长针，在角处的锁针和短针之间钩（1针中长针，2针锁针，1针中长针），在下8行尾端上各钩1针中长针，在下底中心的2针锁针形成的角处钩1针中长针，在下8行行尾各钩1针中长针，在角处的锁针和短针之间钩（1针中长针，2针锁针，1针中长针），在下8行行尾各钩1针中长针，在右上角钩（1针中长针，2针锁针，1针中长针），在下6个空隙内各钩1针中长针，在角处钩1针中长针，2针锁针。用引拔针连接头2针锁针中的第2针（下底上共有19针中长针）。

第4圈： 钩2针锁针（作为1针中长针），在下9个空隙内各钩1针中长针，在2针锁针形成的角处钩（1针中长针，2针锁针，1针中长针）。在下18个空隙内各钩1针中长针，在2针锁针形成的角处钩（1针中长针，2针锁针，1针中长针）。在下9个空隙内各钩1针中长针，在2针锁针形成的角处钩（1针中长针，2针锁针，1针中长针）。在下7个空隙内各钩1针中长针，在角处钩1针中长针，2针锁针。用引拔针连接头2针锁针中的第2针（下底上共有20针中长针）。

颜色分布说明

花片	第1、2圈	三角形的角	第3、4圈
底色用三角形花片：104个	深靛蓝色	深靛蓝色	深靛蓝色
三角形花片1：7个	深靛蓝色	翡翠绿色（颜色1）	深靛蓝色
三角形花片2：6个	深靛蓝色	翡翠绿色（颜色2）	深靛蓝色
三角形花片3：7个	深靛蓝色	绿色（颜色1）	深靛蓝色
三角形花片4：6个	深靛蓝色	绿色（颜色2）	深靛蓝色
三角形花片5：7个	深靛蓝色	秋香绿色（颜色1）	深靛蓝色
三角形花片6：6个	深靛蓝色	秋香绿色（颜色2）	深靛蓝色
三角形花片7：7个	深靛蓝色	金色（颜色1）	深靛蓝色
三角形花片8：7个	深靛蓝色	金色（颜色2）	深靛蓝色
三角形花片9：7个	深靛蓝色	橙色（颜色1）	深靛蓝色
三角形花片10：6个	深靛蓝色	橙色（颜色2）	深靛蓝色

花片	第1、2圈	三角形的角	第3、4圈
三角形花片11：7个	深靛蓝色	橙色（颜色3）	深靛蓝色
三角形花片12：6个	深靛蓝色	洋红色（颜色1）	深靛蓝色
三角形花片13：6个	深靛蓝色	洋红色（颜色2）	深靛蓝色
三角形花片14：6个	深靛蓝色	玫瑰色（颜色1）	深靛蓝色
三角形花片15：7个	深靛蓝色	玫瑰色（颜色2）	深靛蓝色
三角形花片16：6个	深靛蓝色	紫罗兰色（颜色1）	深靛蓝色
三角形花片17：7个	深靛蓝色	紫罗兰色（颜色2）	深靛蓝色
三角形花片18：6个	深靛蓝色	紫罗兰色（颜色3）	深靛蓝色
底色用三角形饰边花片：26个	深靛蓝色	深靛蓝色	深靛蓝色

大雁花片的连接方法

1 这款毯子逐条连接：从毯子的顶部开始，一次加1条织带。选取8个底色用三角形花片，2个底色用三角形饰边花片，以及花片1、花片11、花片3、花片14、花片5、花片15、花片7、花片17和花片9各1个，如图所示用引拔针连接起来。

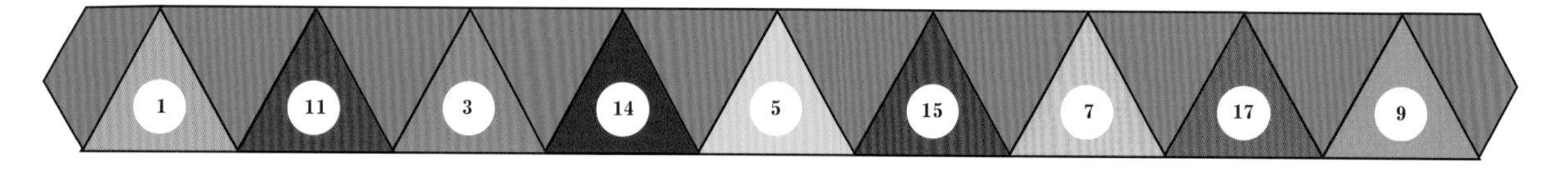

步骤1

2 选取8个底色用三角形花片，2个底色用三角形饰边花片，以及花片2、花片12、花片4、花片15、花片6、花片16、花片8、花片18和花片10各1个，如图所示用引拔针连接起来，形成第2条织带。

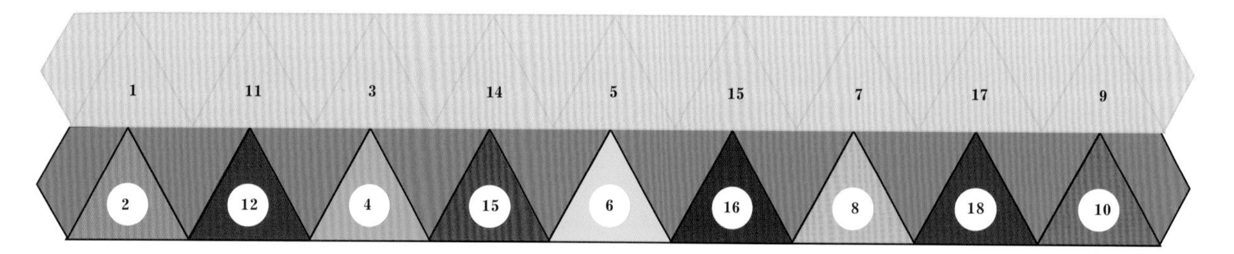

步骤2

3 用相同方法连接毯子的其他部分，一次加1条织带。一共需要6个花片1、5个花片2、6个花片3、5个花片4、6个花片5、5个花片6、6个花片7、6个花片8、6个花片9、5个花片10、6个花片11、5个花片12、6个花片13、5个花片14、5个花片15、5个花片16、6个花片17和5个花片18。

步骤3

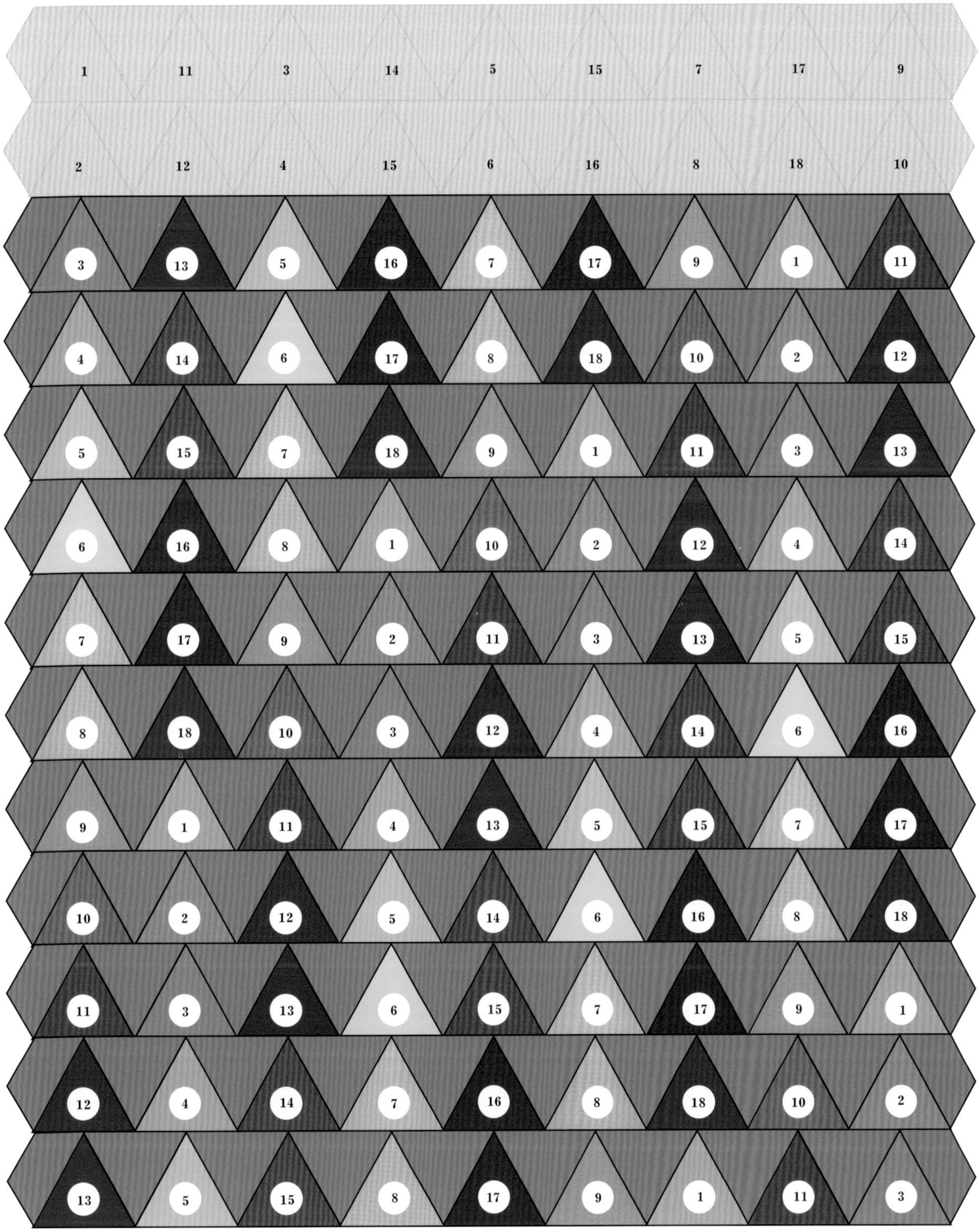

1 11 3 14 5 15 7 17 9

2 12 4 15 6 16 8 18 10

3 13 5 16 7 17 9 1 11

4 14 6 17 8 18 10 2 12

5 15 7 18 9 1 11 3 13

6 16 8 1 10 2 12 4 14

7 17 9 2 11 3 13 5 15

8 18 10 3 12 4 14 6 16

9 1 11 4 13 5 15 7 17

10 2 12 5 14 6 16 8 18

11 3 13 6 15 7 17 9 1

12 4 14 7 16 8 18 10 2

13 5 15 8 17 9 1 11 3

配色变化1

在这个配色版本中，我按照彩虹的颜色把花片沿对角线排列。

配色变化2

在这个配色版本中，我将花片按照不同的颜色纵向排列，依次从蓝色到紫色和从橙色到黄色过渡，两列为一组，它们会在整个设计中交替出现。

海市蜃楼

海市蜃楼是我在20世纪90年代制作的一款作品，原名为海市蜃楼倒影，其灵感来自过去土耳其城市的地图。毯子的中心部分展现了某个沙漠城市的倒影。我不记得为什么会有倒影，但我很喜欢这样的图形组合，所以我决定沿用其最初的名字和图案。背景色为代替蓝色的蓝绿色（这里使用的其实是颜色相似的碧蓝色），与彩虹色搭配也很协调。对我来说，蓝绿色是地中海的颜色，与橙色相得益彰。橙色是用在波斯地毯上的颜色，波斯地毯也是这款毯子的灵感来源之一。

成品尺寸

135cm × 135cm

钩针型号

4mm（英制8号）

绒线种类

DK（8股）：240~250m/100g

绒线说明

我用制作其他作品时剩余的零线来制作这款作品。如果你更喜欢买新线，可以考虑选择下面的绒线品牌，但不一定要用相同的染色缸号。

英国本土品牌

John Arbon Textiles：Knit by Numbers DK

世界其他商业品牌

Fyberspates: Vivacious DK
Cascade: 220 Sport
Knit Picks: Wool of the Andes Sport
Yarn Stories: Merino DK，Merino/Alpaca DK

色环

可利用其他作品剩余的零线制作。

金色：100g

橙色：100g

绯红色：200g

两种深浅不同的玫瑰色：100g

紫罗兰色：100g

薰衣草色：200g

三种深浅不同的碧蓝色：600g

三种深浅不同的青苹果色：100g

组合

海市蜃楼毯子从中心部分的一列开始，然后从该列往两侧连接。

连接：把钩好的正方形花片用引拔针或者其他针法在各边连接起来。在每个花片每条边上针目之间相对应的空隙内钩。

收尾：如果想加饰边的话，可以钩2行中长针。

配色图

这幅图旨在让你对毯子的结构以及颜色搭配有个大概了解。102页和103页还分步骤详细说明了毯子花片的连接方法。下图最显眼的颜色是碧蓝色，但你不一定要用和我一样的颜色。可参考104页和105页的另外两幅配色变化图。

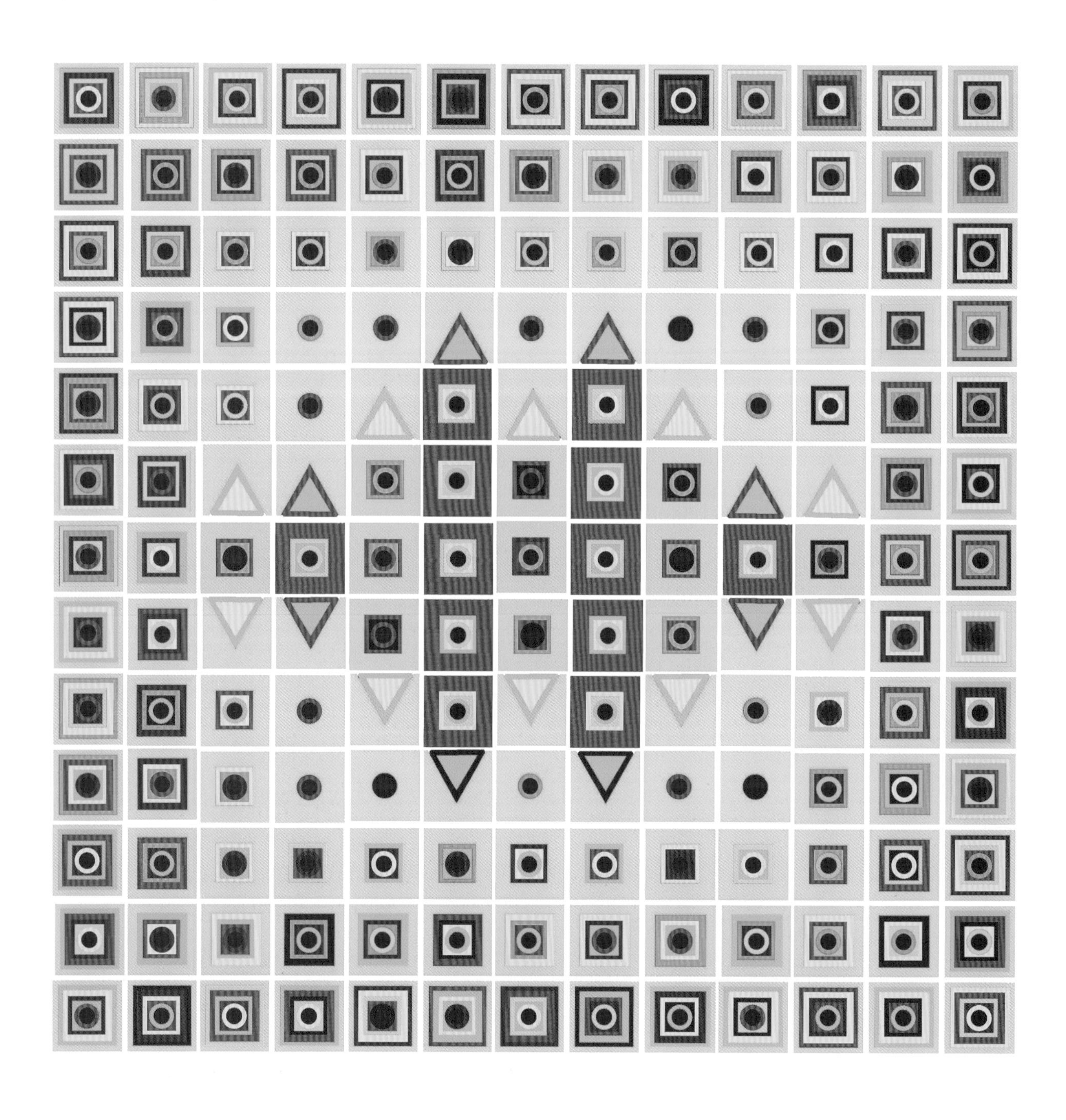

正方形花片

10cm×10cm

用色线1钩4针锁针，并用引拔针连成一个环。

第1圈：钩2针锁针（作为1针中长针），在环上钩11针中长针。用引拔针连接头2针锁针中的第2针（共12针中长针）。断线。

第2圈：在本圈以及以下各圈中，在之前一圈针目之间的空隙内钩。在第1圈结束的地方接上色线2，钩2针锁针（作为1针中长针），在该空隙内再钩1针中长针，*在下1个空隙内钩2针中长针*。重复*之间的内容10次。用引拔针连接头2针锁针中的第2针（共24针中长针）。断线。

第3圈：在第2圈结束的地方接上色线3，在第1个空隙内钩3针锁针（作为1针长针），*在下1个空隙内钩1针中长针，在下3个空隙内各钩1针短针，在下1个空隙内钩1针中长针，在下1个空隙内钩（1针长针，2针锁针**，1针长针）（即钩好一个角）*。重复*之间的内容3次，最后1次重复在**处结束。用引拔针连接头3针锁针中的第3针。断线。

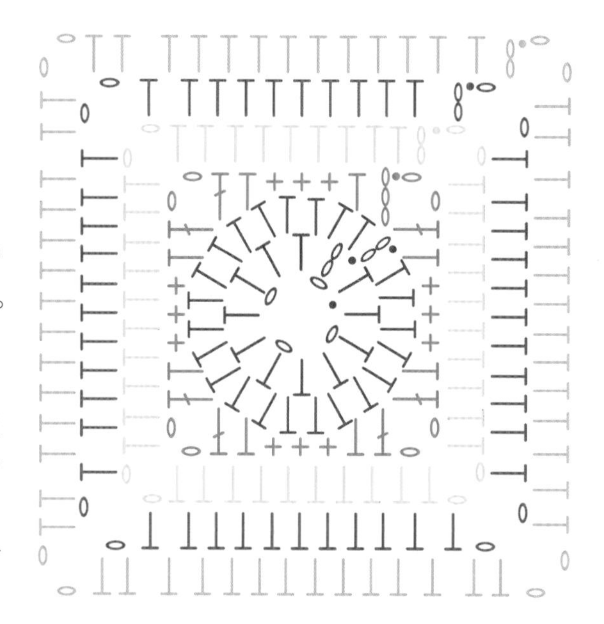

花片针法图解

第4圈：在任意一角接上色线4，钩2针锁针（作为1针中长针），在该角再钩1针中长针，*在下6个空隙内各钩1针中长针，在角处钩（2针中长针，2针锁针**，2针中长针）*。重复*之间的内容3次，最后1次重复在**处结束。用引拔针连接头2针锁针中的第2针。断线。

第5圈：在任意一角接上色线5，钩2针锁针（作为1针中长针），*在下9个空隙内各钩1针中长针，在角处钩（1针中长针，2针锁针**，1针中长针）*。重复*之间的内容3次，最后1次重复在**处结束。用引拔针连接头2针锁针中的第2针。断线。

第6圈：在任意一角接上色线6，钩2针锁针（作为1针中长针），在该空隙内再钩1针中长针，*在下10个空隙内各钩1针中长针，在角处钩（2针中长针，2针锁针**，2针中长针）*。重复*之间的内容3次，最后1次重复在**处结束。用引拔针连接头2针锁针中的第2针。断线。

内嵌三角形的正方形花片

10cm×10cm

用色线1钩4针锁针，并用引拔针连成一个环。

第1圈： 钩2针锁针（作为1针中长针），在环上钩3针中长针，2针锁针，*在环上钩4针中长针，2针锁针*。重复*之间的内容1次。用引拔针连接头2针锁针中的第2针。断线。

第2圈： 在本圈以及以下各圈中，在之前一圈针目之间的空隙内钩。在任意一个2针锁针处接上色线2，钩2针锁针（作为1针中长针），*在下3个空隙内各钩1针短针，在下1个空隙内钩（1针中长针，1针长针，2针锁针，1针长针**，1针中长针）（这便形成一个角）*。重复*之间的内容2次，最后1次重复在**处结束。用引拔针连接头2针锁针中的第2针。断线。

第3圈： 在其中一个2针锁针形成的角处接上色线3，钩2针锁针（作为1针中长针），在该2针锁针形成的角处再钩1针短针。*在下6个空隙内各钩1针短针，在角处钩（1针短针，1针中长针，2针锁针**，1针中长针，1针短针）*。重复*之间的内容2次，最后1次重复在**处结束。用引拔针连接头2针锁针中的第2针。断线。

三角形外的部分

第4圈（底色）： 在其中一个2针锁针形成的角处接上色线4，钩1针锁针（作为1针短针），在该空隙内再钩1针短针，在下1个空隙内钩1针短针，在下2个空隙内各钩1针中长针，在下2个空隙内各钩1针长针，在下1个空隙内钩（1针长长针，2针锁针，1针长长针），这将形成正方形的一个角，在下1个空隙内钩1针长针，在下1个空隙内钩

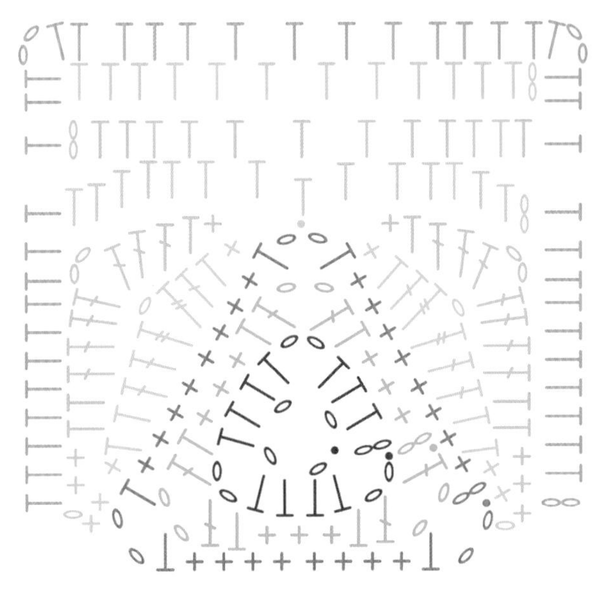

花片针法图解

1针中长针，在下1个空隙内钩1针短针，在三角形2针锁针形成的角处钩1针引拔针，在下1个空隙内钩1针短针，在下1个空隙内钩1针中长针，在下1个空隙内钩1针长针，在下1个空隙内钩（1针长长针，2针锁针，1针长长针），这将形成正方形的一个角，在下2个空隙内各钩1针长针，在下2个空隙内各钩1针中长针，在下1个空隙内钩1针短针，在三角形2针锁针形成的角处钩2针短针。翻面。

第5圈： 钩1针锁针（作为1针短针），跳过1个空隙，在下2个空隙内各钩1针短针，在下2个空隙内各钩1针中长针，在下2个空隙内各钩1针长针，在2针锁针形成的角处钩（2针长针，2针锁针，2针长针），在下1个空隙内钩1针长针，在下1个空隙内钩1针中长针，在下1个空隙内钩1针短针，跳过1个空隙，在三角形2针锁针形成的角处钩1针中长针（在第4圈顶部的引拔针上钩这1针），跳过1个空隙，在下1个空隙内钩1针短针，在下1个空隙内钩1针中长针，在下1个空隙内钩1针长针，在2针锁针形成的角处钩（2针长针，2针锁针，2针长针），在下2个空隙内各钩1针长针，在下2个空隙内各钩1针中长针，在下3个空隙内各钩1针短针。断线。

第6圈： 在正方形右上角重新接上色线4，钩2针锁针（作为1针中长针），在该空隙内再钩1针中长针，在下10个空隙内各钩1针中长针，在下1个2针锁针形成的角处钩2针中长针。翻面。

第7圈： 钩2针锁针（作为1针中长针），跳过1个空隙，在下12个空隙内各钩1针中长针。翻面。

第8圈：钩2针锁针（作为1针中长针），在下12个空隙内各钩1针中长针。断线。

第9圈：在第5圈右下角的2针短针之间重新接上色线4，钩2针锁针（作为1针中长针），在下7个空隙内各钩1针中长针，在第5圈2针锁针形成的角处钩2针中长针，在下2行行尾各钩1针中长针，在最后1行一端钩（2针中长针，2针锁针，2针中长针），在下10个空隙内钩1针中长针，在该行另一端钩（2针中长针，2针锁针，2针中长针），在下2行行尾各钩1针中长针，在第5圈2针锁针形成的角处钩2针中长针，在下8个空隙内各钩1针中长针。断线。

颜色分布说明

这款毯子的配色是从同色系中选深浅不同的颜色，而不是用完全一样的颜色。所有花片的第1圈都用绯红色线钩；其余圈的颜色则从下表的色系中选择。若同一色系有好几种深浅近似的颜色，则制作出来的毯子效果最好，这样便可以拥有一条完美的拼布型毯子了。

花片	第1圈	第2圈	第3圈	第4圈	第5圈	第6圈	第7~9圈
正方形花片1：11个	绯红色	粉色、红色或者橙色	粉色、红色或者橙色	青苹果色（颜色1）	青苹果色（颜色2）	青苹果色（颜色3）	
正方形花片2：12个	绯红色	青苹果色（颜色2）	青苹果色（颜色3）	粉色、红色或者橙色	粉色、红色或者橙色	粉色、红色或者橙色	
内嵌三角形的正方形花片3：10个	绯红色	青苹果色（颜色3）	青苹果色（颜色1）	碧蓝色（颜色1）	碧蓝色（颜色3）	碧蓝色（颜色2）	碧蓝色（颜色1）
内嵌三角形的正方形花片4：8个	绯红色	青苹果色（颜色2）	粉色、红色或者橙色	碧蓝色（颜色2）	碧蓝色（颜色1）	碧蓝色（颜色3）	碧蓝色（颜色2）
正方形花片5：14个	绯红色	金色、橙色、红色、绿色或者粉色	碧蓝色（颜色3）	碧蓝色（颜色1）	碧蓝色（颜色2）	碧蓝色（颜色1）	
正方形花片6：26个	绯红色	金色、橙色、红色、绿色或者粉色	金色、橙色、红色、绿色或者粉色	碧蓝色（颜色3）	碧蓝色（颜色1）	碧蓝色（颜色3）	
正方形花片7：40个	绯红色	金色、橙色、红色、绿色或者粉色	金色、橙色、红色、绿色或者粉色	金色、橙色、红色、绿色或者粉色	碧蓝色（颜色3）	碧蓝色（颜色2）	
正方形花片8：48个	绯红色	金色、橙色、红色、绿色或者粉色	金色、橙色、红色、绿色或者粉色	金色、橙色、红色、绿色或者粉色	金色、橙色、红色、绿色或者粉色	碧蓝色（颜色1）	

海市蜃楼花片的连接方法

1 用引拔针纵向连接3个花片1、2个花片3和2个花片5。花片3的位置如图所示，请注意三角形顶角的方向。

2 在中间列的两边各加1列花片：如图所示，用引拔针将4个花片4和10个花片2连成2列。

3 选取8个花片1、2个花片2、8个花片3、4个花片4、12个花片5和8个花片6，如图所示，继续从中间分别向两侧连接，每次连1列。

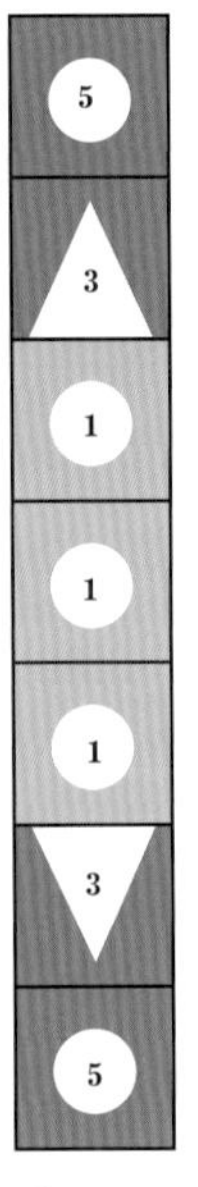

步骤1

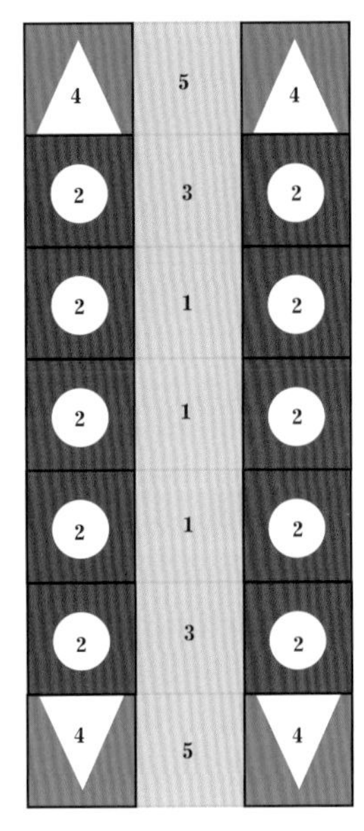

步骤2

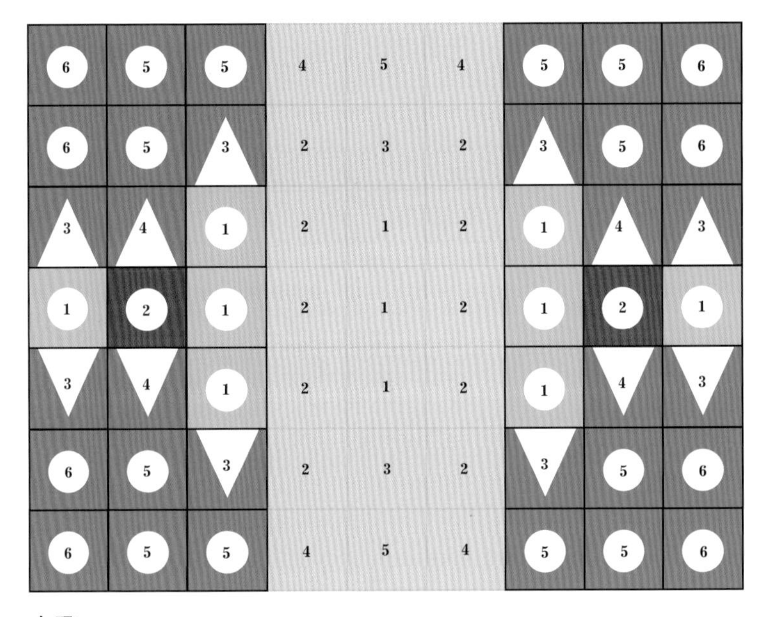

步骤3

6	6	6	6	6	6	6	6	6
6	5	5	4	5	4	5	5	6
6	5	3	2	3	2	3	5	6
3	4	1	2	1	2	1	4	3
1	2	1	2	1	2	1	2	1
3	4	1	2	1	2	1	4	3
6	5	3	2	3	2	3	5	6
6	5	5	4	5	4	5	5	6
6	6	6	6	6	6	6	6	6

步骤4

4 中间部分连接结束后，分别在顶部和底部用引拔针连接1行花片6，总共需要18个花片6。

5 成品要在中间部分四周各加2圈花片，形成饰边。第1圈饰边由40个花片7组成，第2圈饰边由48个花片8组成。如图所示，每次加1条边的饰边。

8	8	8	8	8	8	8	8	8	8	8	8	8
8	7	7	7	7	7	7	7	7	7	7	7	8
8	7	6	6	6	6	6	6	6	6	6	7	8
8	7	6	5	5	4	5	4	5	5	6	7	8
8	7	6	5	3	2	3	2	3	5	6	7	8
8	7	3	4	1	2	1	2	1	4	3	7	8
8	7	1	2	1	2	1	2	1	2	1	7	8
8	7	3	4	1	2	1	2	1	4	3	7	8
8	7	6	5	3	2	3	2	3	5	6	7	8
8	7	6	5	5	4	5	4	5	5	6	7	8
8	7	6	6	6	6	6	6	6	6	6	7	8
8	7	7	7	7	7	7	7	7	7	7	7	8
8	8	8	8	8	8	8	8	8	8	8	8	8

步骤5

配色变化1

在这个配色版本中，我选的色彩只局限于橙色系、紫色系和红色系。冷色调的紫色系与色彩浓重的暖色调橙色相互辉映。

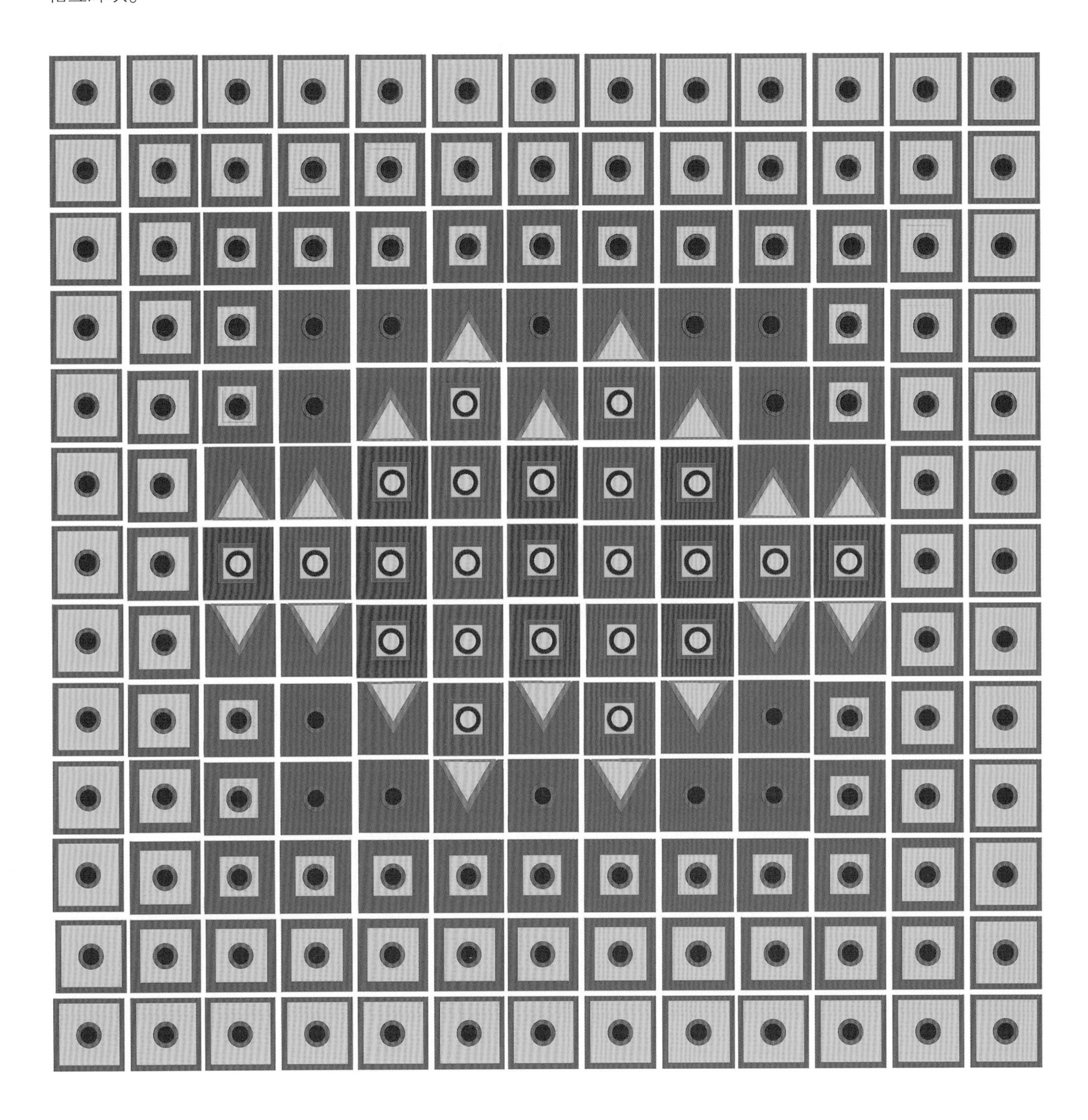

配色变化2

用这款毯子消耗掉那些你不忍心扔掉的零线和线头再合适不过了。这些梦幻般的色系五彩斑斓，特别适合那些痴迷撞色的人。

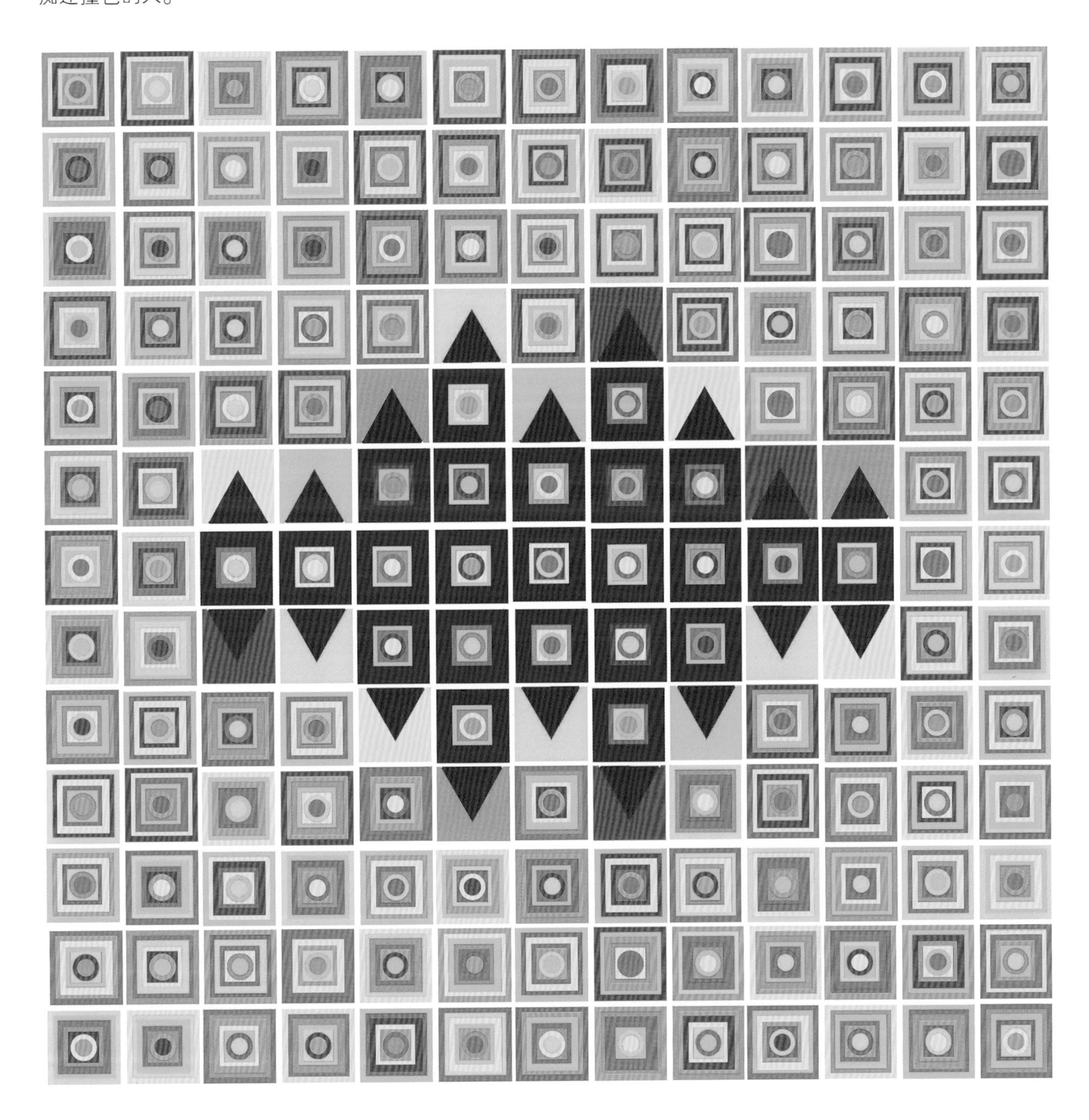

花之力量

一个夏日的清晨，我漫步于英国埃克斯穆尔高地的西林河边，无意中看到河岸边一片草地上布满闪闪发亮的蜘蛛网和夏花，由此得到花之力量以及116页它的名为利伯蒂花漾毯的姊妹款毯子的灵感。我用两种完全不同的色系制作这两款毯子：这款毯子的颜色取自20世纪70年代流行的颜色，醒目明快，因此取名为“花之力量”。

色环

可利用其他作品剩余的零线制作。

金色：150g

橙色：150g

洋红色：150g

紫罗兰色：150g

青苹果色：900g

组合

从中心部分开始往外连接。

连接：把钩好的六边形花片用引拔针或者其他针法将各边连接起来。在每个花片每条边上针目之间相对应的空隙内钩。

收尾：如果想加饰边的话，可以钩2行短针。

成品尺寸

127cm × 147.5cm

钩针型号

4mm（英制8号）

绒线种类

DK（8股）：240~250m/100g

绒线说明

我用制作其他作品时剩余的零线来制作这款作品。如果你更喜欢买新线，可以考虑选择下面的绒线品牌，但不一定要用相同的染色缸号。

英国本土品牌

John Arbon Textiles：Knit by Numbers DK

世界其他商业品牌

Cascade: 220 Sport

Knit Picks: Wool of the Andes Sport

Yarn Stories: Merino DK，Merino/Alpaca DK

配色图

这幅图旨在让你对毯子的结构以及颜色搭配有个大概了解。112页和113页分步骤详细说明了毯子花片的连接方法。下图最显眼的颜色是绿色，但你不一定要用和我一样的颜色。可参考114页和115页的另外两幅配色变化图。

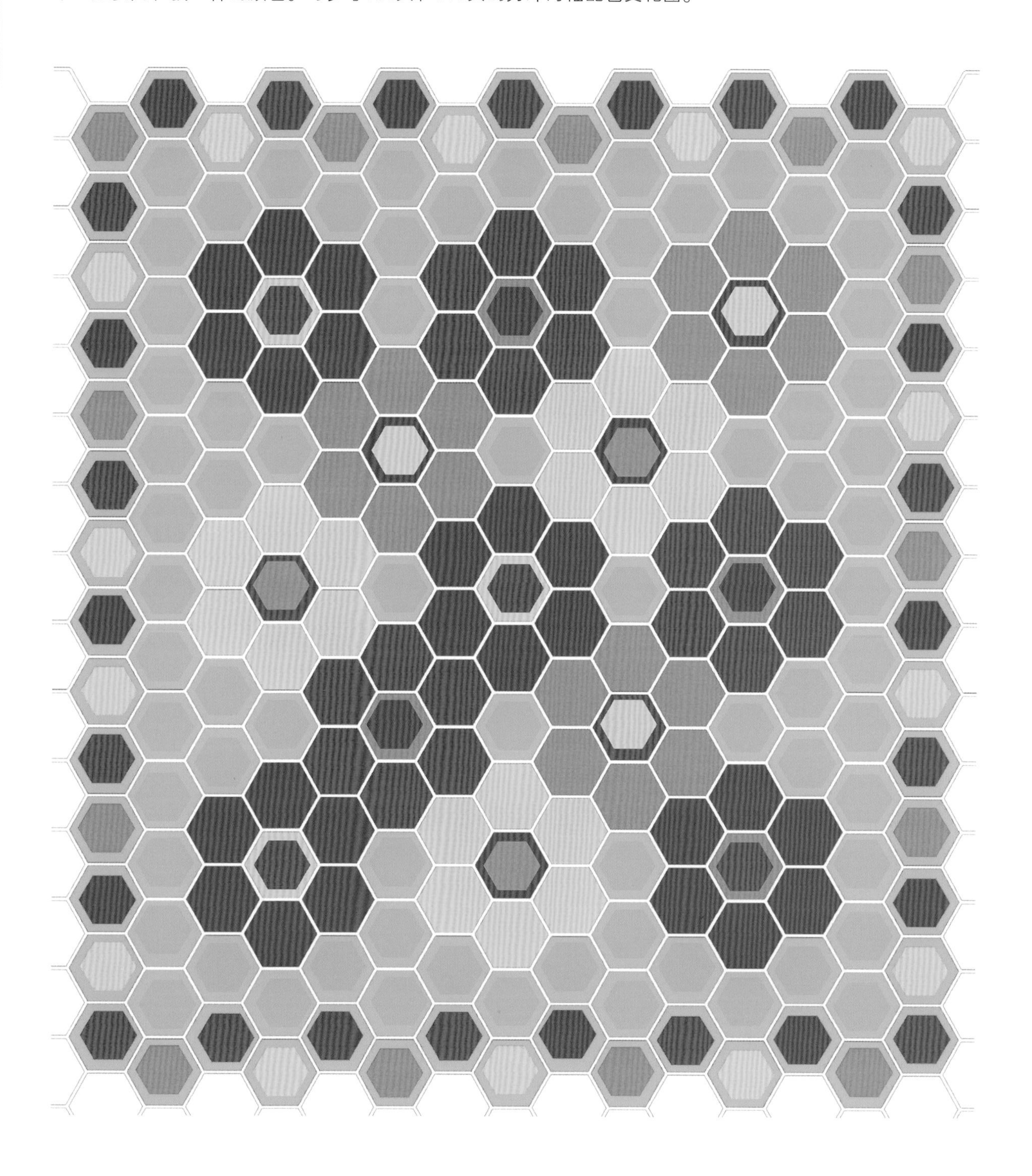

六边形花片

边长为5cm

用色线1钩4针锁针，并用引拔针连成一个环。

第1圈： 钩2针锁针（作为1针中长针），在环上钩11针中长针。用引拔针连接头2针锁针中的第2针（共12针中长针）。

第2圈： 在本圈以及以下各圈中，在之前一圈针目之间的空隙内钩。钩2针锁针（作为1针中长针），在该空隙内再钩1针中长针，*在下1个空隙内钩2针中长针*。重复*之间的内容10次。用引拔针连接头2针锁针中的第2针（共24针中长针）。

第3圈： 钩2针锁针（作为1针中长针），*在下3个空隙内各钩1针中长针，在下1个空隙内钩（1针中长针，2针锁针**，1针中长针）*。重复*之间的内容5次，最后1次重复在**处结束。用引拔针连接头2针锁针中的第2针。断线。

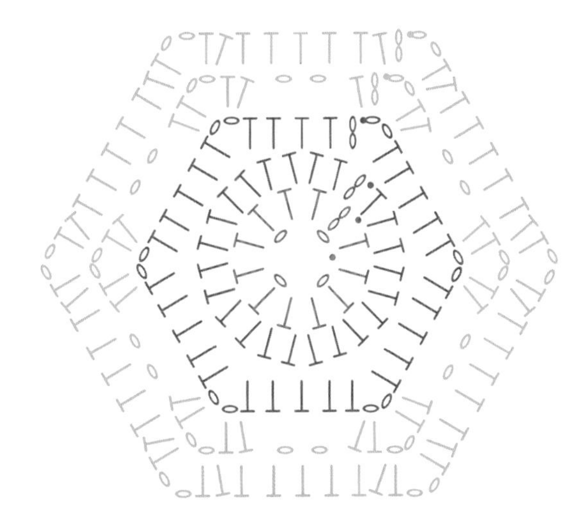

花片针法图解

第4圈： 在任意一个2针锁针处接上色线2，钩2针锁针（作为1针中长针），在该处再钩1针中长针，*2针锁针，在下1个2针锁针处钩（2针中长针，2针锁针**，2针中长针）*。重复*之间的内容5次，最后1次重复在**处结束。用引拔针连接头2针锁针中的第2针。

第5圈： 钩2针锁针（作为1针中长针），在该处再钩1针中长针，*在下1个空隙内钩1针中长针，在2针锁针处钩3针中长针，在下1个空隙内钩1针中长针，在2针锁针形成的角处钩（2针中长针，2针锁针**，2针中长针）*。重复*之间的内容5次，最后1次重复在**处结束。用引拔针连接头2针锁针中的第2针。断线。利用线头使用钩针或缝针连接各个花片（六边形花片每边钩9针中长针）。

颜色分布说明

花片	第1~3圈	第4、5圈
1：2个	金色	紫罗兰色
2：2个	橙色	紫罗兰色
3：3个	洋红色	金色
4：3个	紫罗兰色	橙色
5：1个	橙色	洋红色
6：1个	洋红色	橙色
7：1个	金色	洋红色
8：24个	紫罗兰色	青苹果色

花片	第1~3圈	第4、5圈
9：18个	橙色	青苹果色
10：18个	金色	青苹果色
11：18个	洋红色	青苹果色
12：72个	青苹果色	青苹果色
13：14个	金色	青苹果色
14：13个	橙色	青苹果色
15：14个	洋红色	青苹果色
16：13个	紫罗兰色	青苹果色

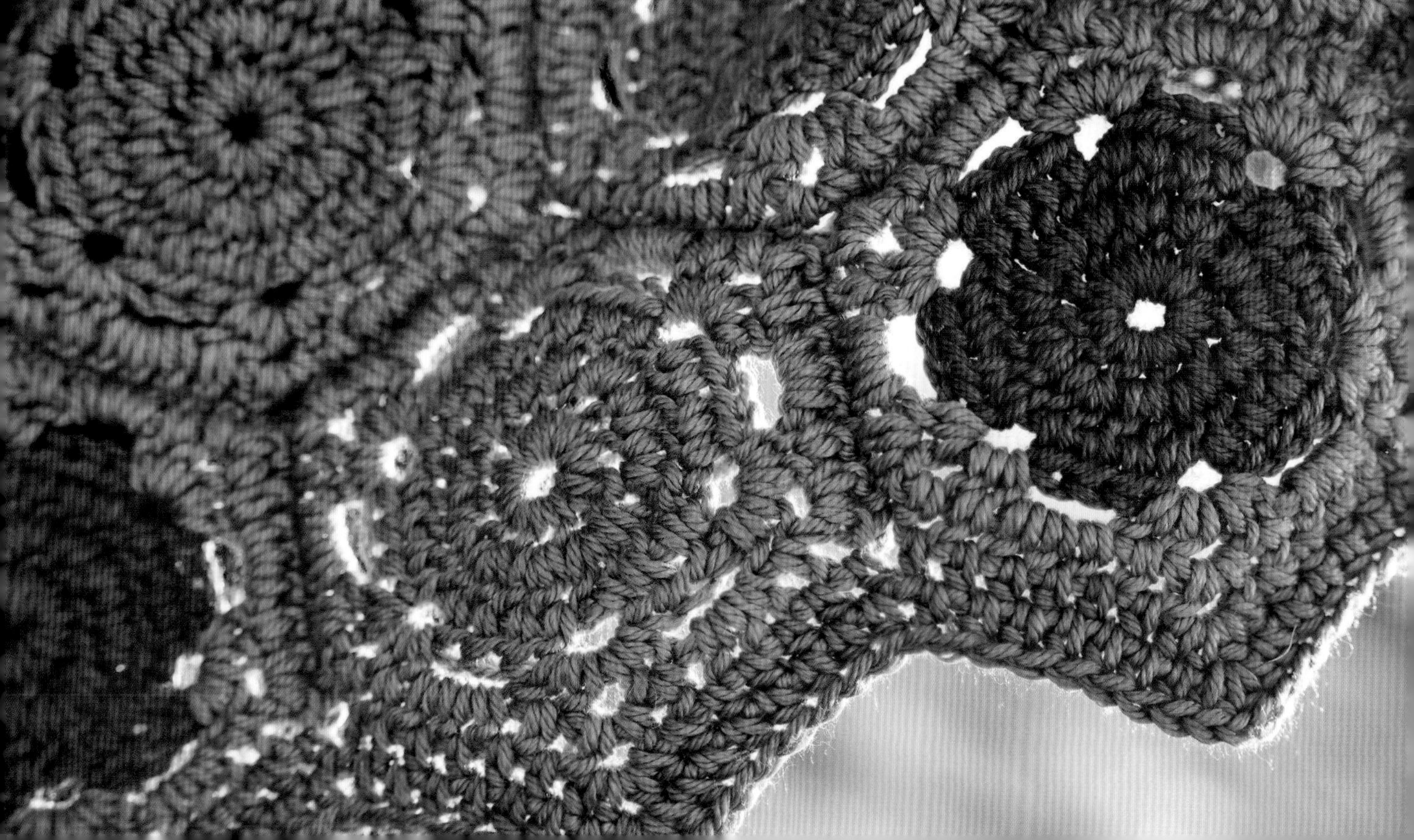

花之力量花片的连接方法

1 从中心部分开始，选取1个花片3、6个花片8，如图所示用引拔针连接起来。

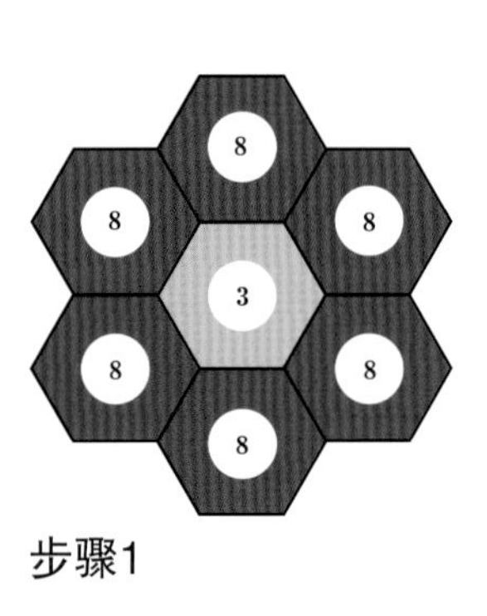

步骤1

2 加1圈：如图所示用引拔针连接2个花片10、4个花片9、4个花片12和2个花片11。

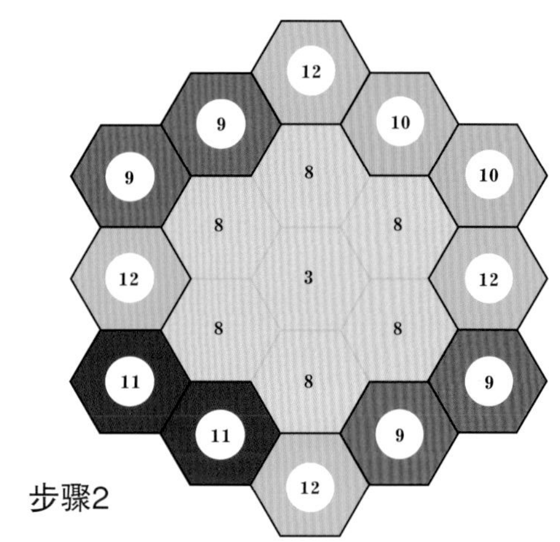

步骤2

3 再加1圈：选取5个花片11、5个花片10、4个花片9、1个花片1、1个花片2、1个花片4和1个花片7，如图所示用引拔针连接起来。

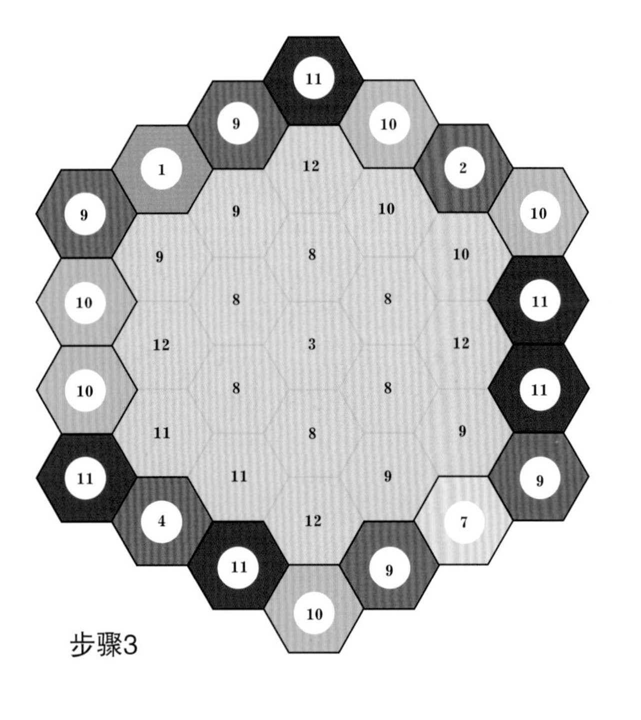

步骤3

4 选取2个花片4、6个花片11、6个花片10、4个花片12、4个花片9、1个花片2和1个花片5，如图所示用引拔针连接下一圈。

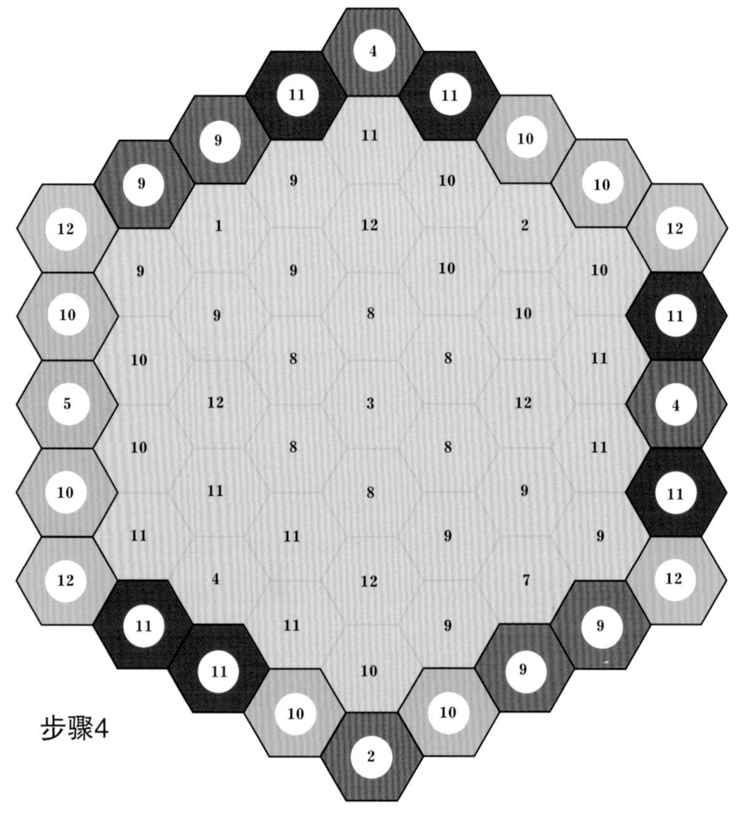

步骤4

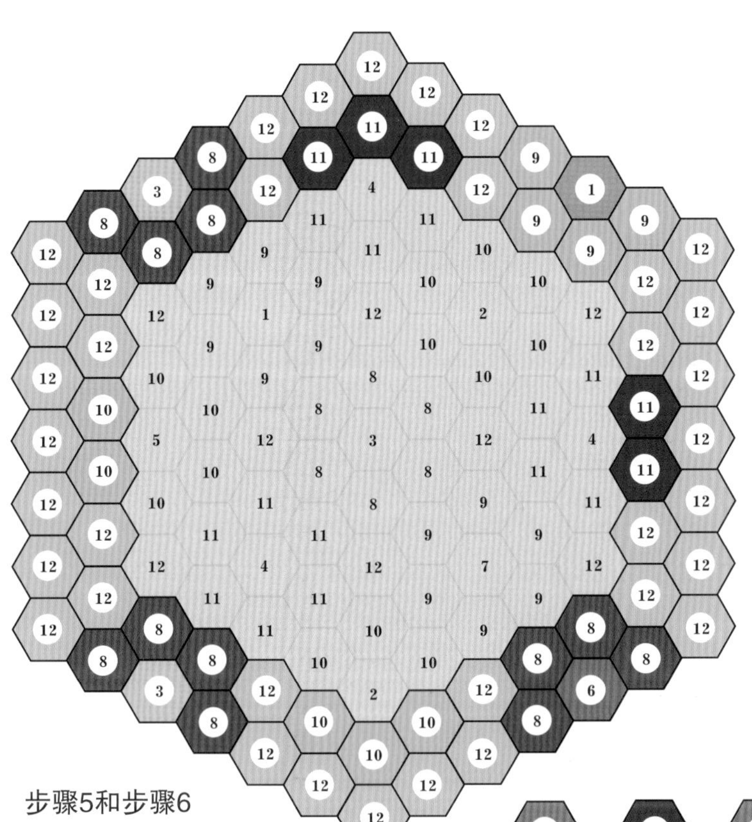

5 继续每次连接1圈花片。选取5个花片11、12个花片12、2个花片9、6个花片8、5个花片10，按照图示位置用引拔针连接起来。

6 按照图示的位置用引拔针连接以下花片：24个花片12、2个花片9、1个花片1、6个花片8、1个花片6和2个花片3。

步骤5和步骤6

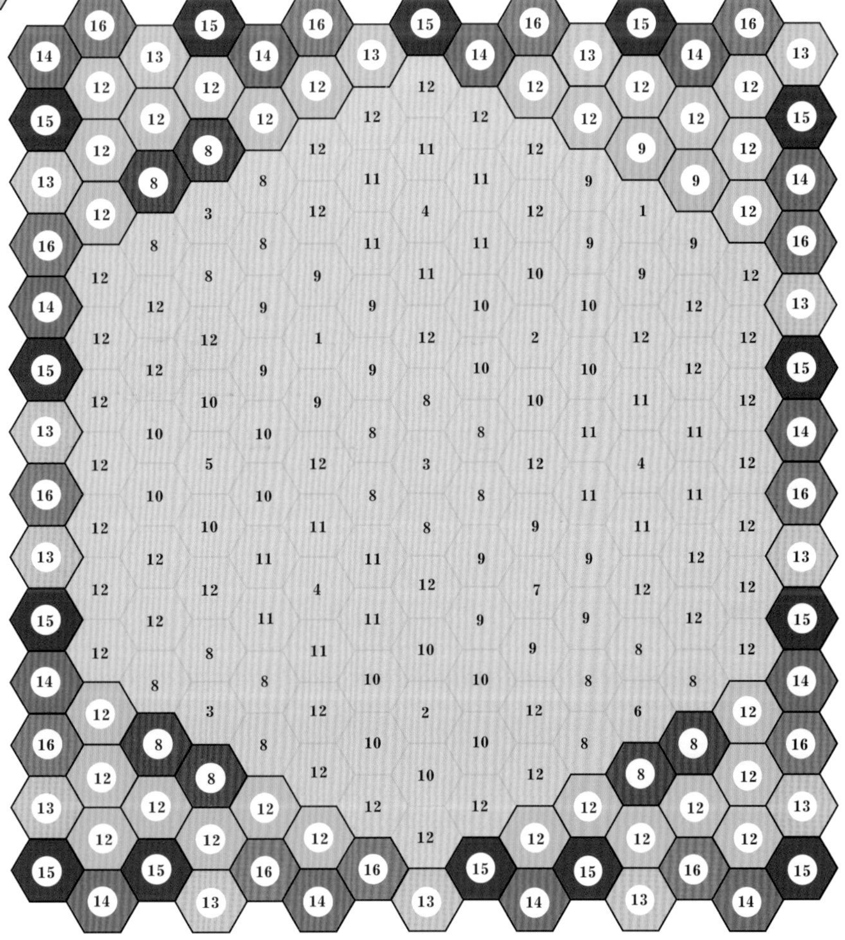

7 继续完成下一圈，用引拔针按图示的位置连接以下花片：6个花片15、5个花片14、12个花片12、2个花片9、5个花片16、6个花片13和6个花片8。

8 填补长方形的4个角，一次填补一个，按照图示位置用引拔针逐行往外连接。总共需要16个花片12、8个花片16、8个花片14、8个花片13和8个花片15。

步骤7和步骤8

配色变化1

在这款毯子中，中心部分为五颜六色的花朵，四周用粉色和紫色作为主色的装饰，以代替原来以绿色为主的颜色。

配色变化2

在这款色彩缤纷的版本中，亮丽的紫色和静谧的黄色相得益彰。

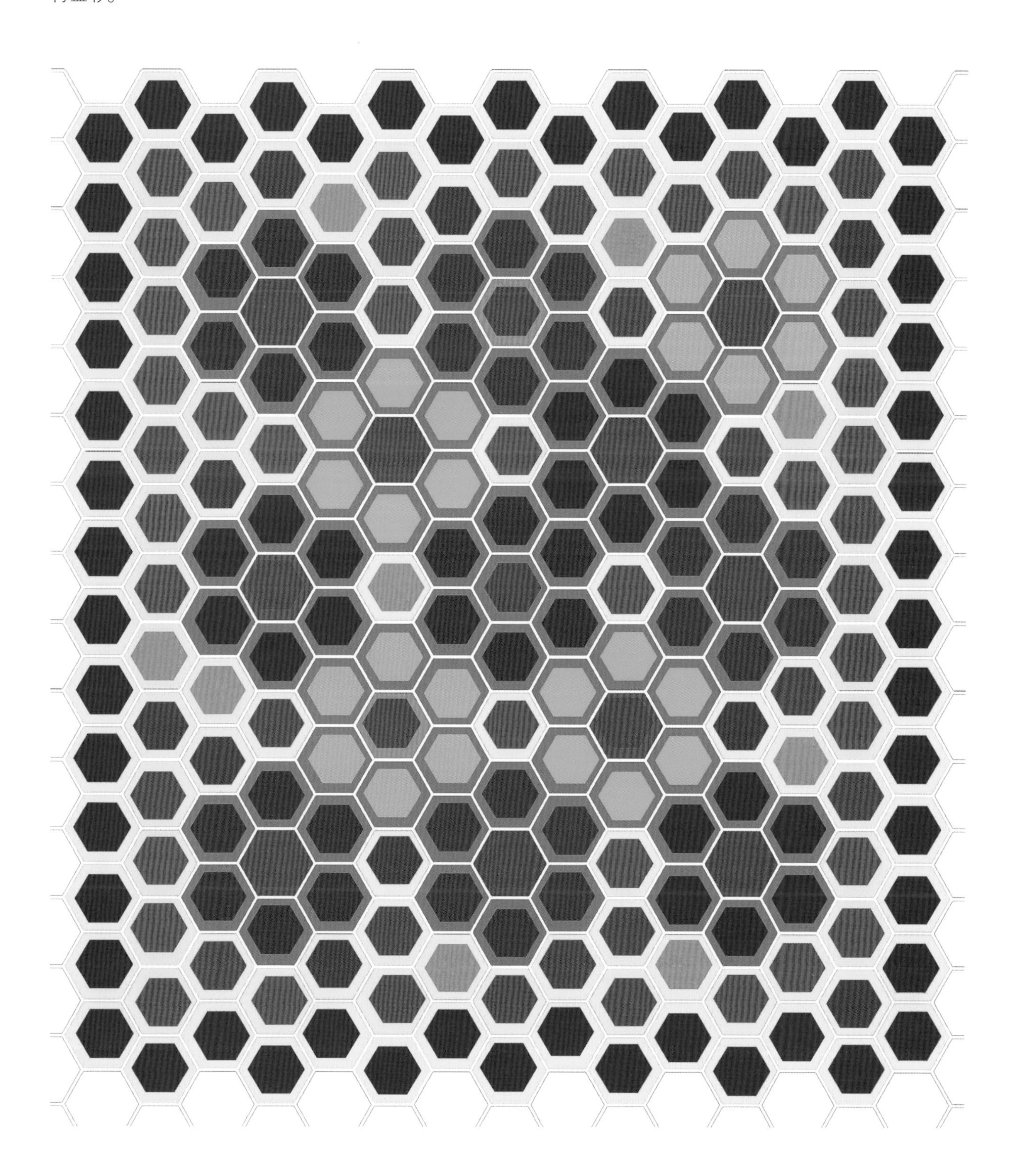

利伯蒂花漾毯

我们沿着河边散步的时候，路过一片草地，草地上布满的蜘蛛网，精灵在空中飘荡——精灵是我的孩子们给蒲公英和柳兰种子起的名字——夏日的花朵在清晨的阳光底下闪闪发光。这时，不可思议的灵感来得正及时，由此我设计了第2条毯子，这条毯子的配色是受了细腻优雅的利伯蒂印花布的启发，与花之力量大胆明快的配色形成鲜明对比。

成品尺寸

127cm×152.5cm

钩针型号

3mm或3.25mm（英制11号或10号）

绒线类型

4股线：360m/100g

绒线说明

我用制作其他作品时剩余的零线来制作这款作品。如果你更喜欢买新线，可以考虑选择下面的绒线品牌，但不一定要用相同的染色缸号。

英国本土品牌

Skein Queen：Selkino, Lustrous
John Arbon Textiles：Exmoor Sock，Knit by Numbers 4股
Easyknits：Splendour
The Little Grey Sheep：Stein 4股

世界其他商业品牌

Drops: Alpaca，Alpaca/Silk
Fyberspates: Vivacious 4股
Cascade: 220 Fingering，Heritage Silk
Knit Picks: Palette

色环

可利用其他作品剩余的零线制作。

橙色：100g

洋红色：350g

玫瑰色：100g

淡紫色：200g

碧蓝色：100g

绿色：300g

秋香绿色：100g

组合

这款毯子的花片是逐列连接的。

连接： 把钩好的六边形花片用引拔针或者其他针法将各边连接起来。在每个花片每条边上针目之间相对应的空隙内钩。

饰边： 没有饰边。如果你要加饰边，可以钩2行中长针。

配色图

这幅图旨在让你对毯子的结构以及颜色搭配有个大概了解。121页和122页分步骤详细说明了毯子花片的连接方法。下图最显眼的颜色是绿色，但你不一定要用和我一样的颜色。可参考124页和125页的另外两幅配色变化图。

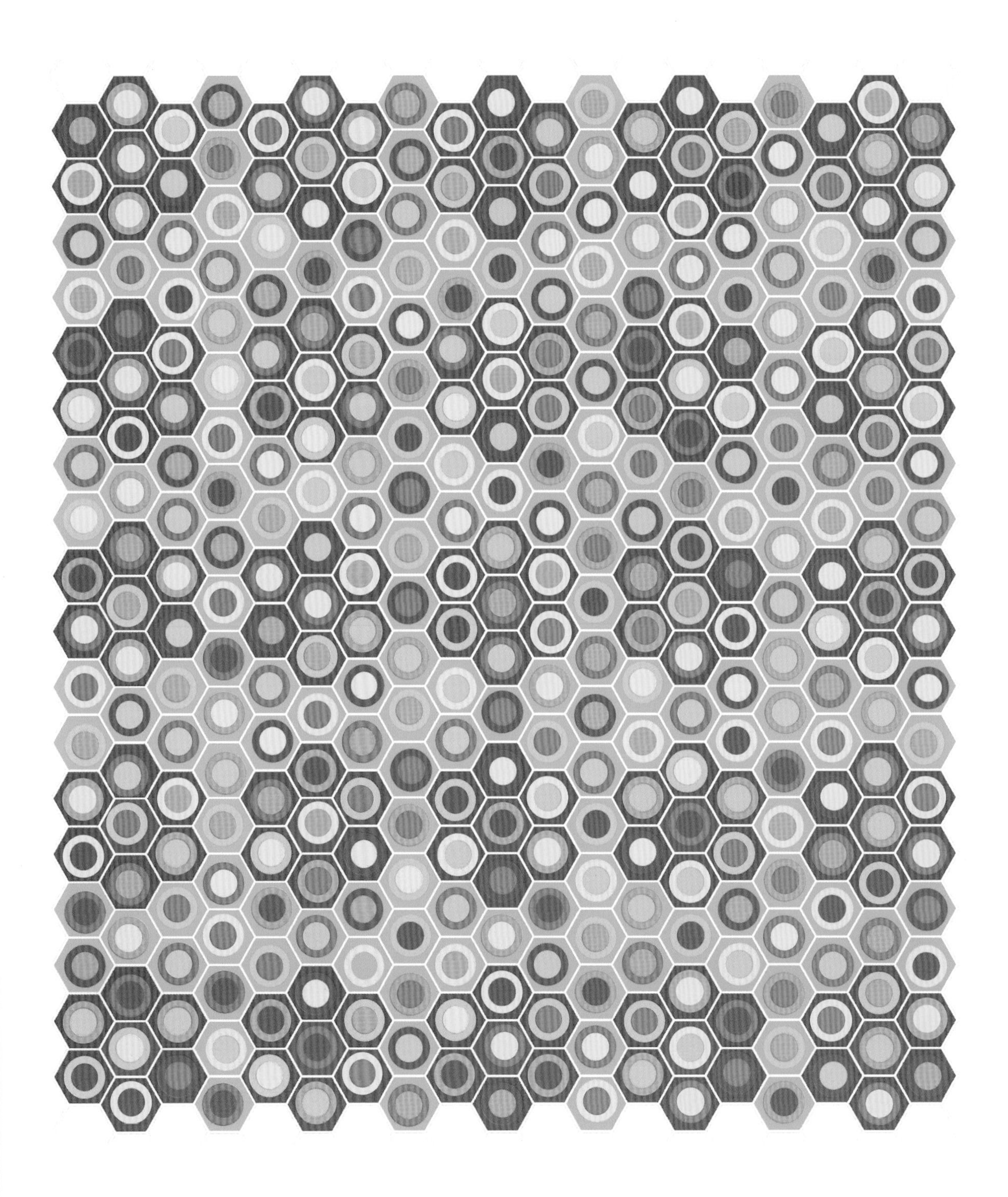

六边形花片

边长为4cm

用色线1钩4针锁针，并用引拔针连成一个环。

第1圈： 钩2针锁针（作为1针中长针），在环上钩11针中长针。用引拔针连接头2针锁针中的第2针（共12针中长针）。断线。

第2圈： 在本圈以及以下各圈中，在之前一圈针目之间的空隙内钩。在第1圈结束的地方接上色线2，钩2针锁针（作为1针中长针），在该空隙内再钩1针中长针，*在下1个空隙内钩2针中长针*。重复*之间的内容10次。用引拔针连接头2针锁针中的第2针（共24针中长针）。断线。

第3圈： 在第2圈结束的地方接上色线3，钩2针锁针（作为1针中长针），*在下3个空隙内各钩1针中长针，在下1个空隙内钩（1针中长针，2针锁针**，1针中长针）*。重复*之间的内容5次，最后1次重复在**处结束。用引拔针连接头2针锁针中的第2针。断线。

第4圈： 在任意一个2针锁针处接上色线4，钩2针锁针（作为1针中长针），在该处再钩1针中长针，*2针锁针，在下1个2针锁针处钩（2针中长针，2针锁针**，2针中长针）*。重复*之间的内容5次，最后1次重复在**处结束。用引拔针连接头2针锁针中的第2针。

第5圈： 钩2针锁针（作为1针中长针），在该处再钩1针中长针，*在下1个空隙内钩1针中长针，在2针锁针处钩3针中长针，在下1个空隙内钩1针中长针，在2针锁针形成的角处钩（2针中长针，2针锁针**，2针中长针）*。重复*之间的内容5次，最后1次重复在**处结束。用引拔针连接头2针锁针中的第2针。断线。利用线头使用钩针或缝针连接各个花片（六边形花片每边9针中长针）。

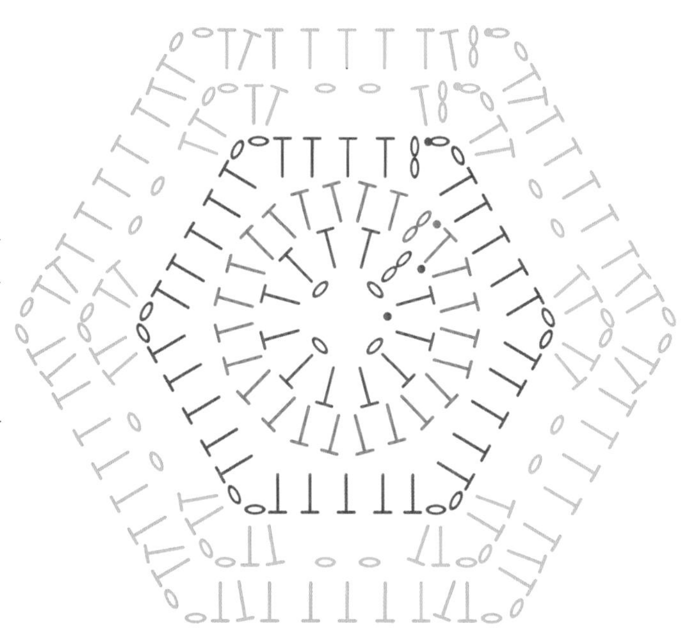

花片针法图解

颜色分布说明

花片	第1圈	第2圈	第3圈	第4圈	第5圈
1：25个	橙色、洋红色、玫瑰色、淡紫色、碧蓝色、绿色或秋香绿色	橙色、洋红色、玫瑰色、淡紫色、碧蓝色、绿色或秋香绿色	橙色、洋红色、玫瑰色、淡紫色、碧蓝色、绿色或秋香绿色	淡紫色	淡紫色
2：150个	橙色、洋红色、玫瑰色、淡紫色、碧蓝色、绿色或秋香绿色	橙色、洋红色、玫瑰色、淡紫色、碧蓝色、绿色或秋香绿色	橙色、洋红色、玫瑰色、淡紫色、碧蓝色、绿色或秋香绿色	洋红色	洋红色
3：176个	橙色、洋红色、玫瑰色、淡紫色、碧蓝色、绿色或秋香绿色	橙色、洋红色、玫瑰色、淡紫色、碧蓝色、绿色或秋香绿色	橙色、洋红色、玫瑰色、淡紫色、碧蓝色、绿色或秋香绿色	绿色	绿色

利伯蒂花漾毯花片的连接方法

1 这款毯子以纵向逐列连接。先用引拔针连接1列花片，从头连到尾。第1列总共需要10个花片2和8个花片3。

步骤1

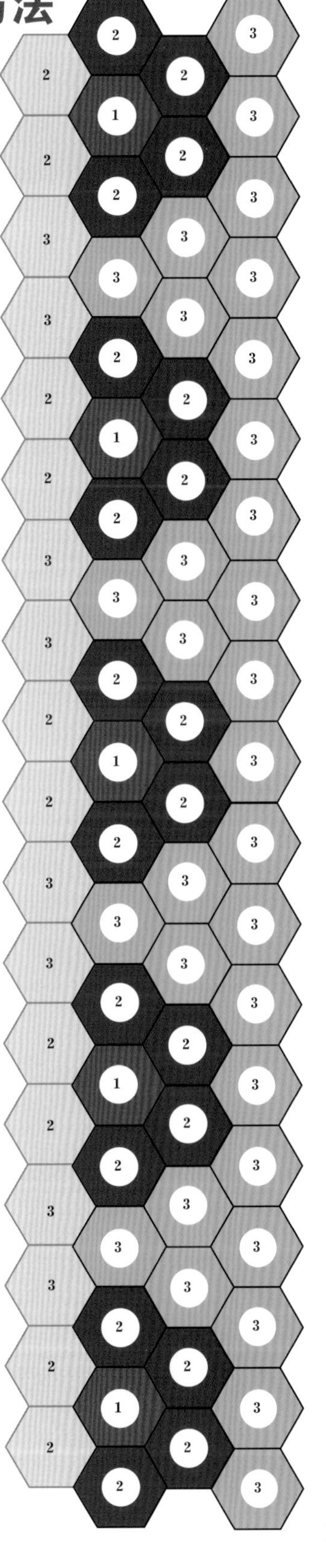

步骤2~4

2 继续纵向一次连接1列。在第2列中，需选取10个花片2、5个花片1和4个花片3，按图示位置用引拔针连接起来。

3 第3列配色同第1列。按照图示位置用引拔针连接10个花片2和8个花片3。

4 第4列由19个花片3组成。按照图示位置用引拔针连接起来。

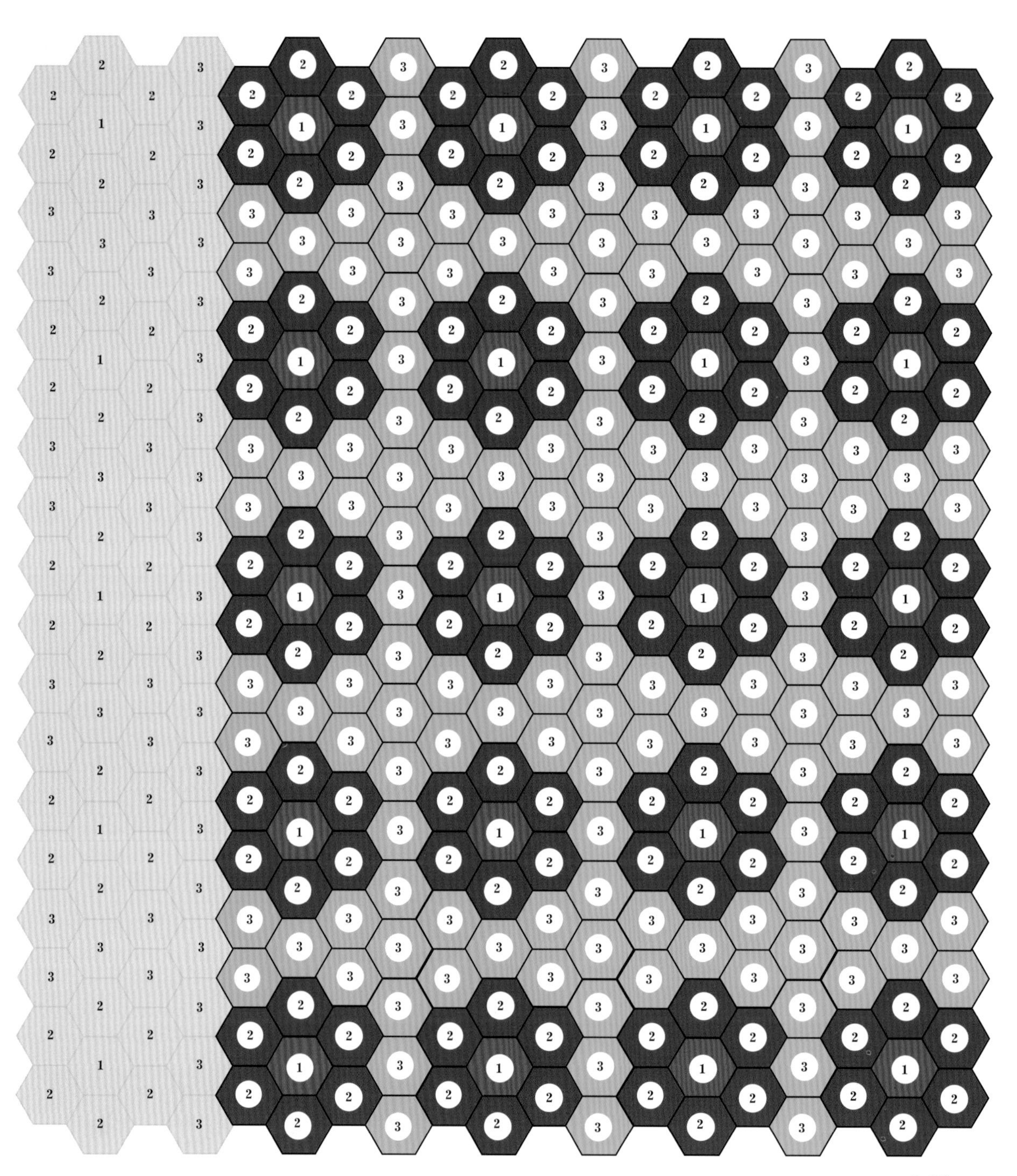

步骤5

5 毯子剩余部分重复步骤1~4的配色连接，最后1次重复时省掉步骤4的绿色列不连接。这样总共需要20个花片1、120个花片2和137个花片3。按图示位置用引拔针连起来，一次连接1列。

配色变化1

在这款配色版本中，我选择紫色作为花的颜色，用舒缓的蓝色和绿色作为背景色。

配色变化2

在这款配色版本中，我采用大量明快亮丽的颜色，就像夏日花园里盛开的色彩缤纷的鲜花。

参考资料

英国、美国钩针术语对照表

英国	美国
sl st (slip stitch) 引拔针	sl st (slip stitch) 引拔针
ch (chain) 锁针	ch (chain) 锁针
dc (double crochet) 短针	sc (single crochet) 短针
htr (half treble crochet) 中长针	hdc (half double crochet) 中长针
tr (treble crochet) 长针	dc (double crochet) 长针
dtr (double treble crochet) 长长针	tr (treble crochet) 长长针
ttr (triple treble crochet) 三卷长针	dtr (double treble crochet) 三卷长针

钩针型号对照表

公制	英制	美制
3mm	11号	C/2或D/3
3.5mm	9号	E/4
3.75mm	8号或9号	F/5
4mm	8号	G/6
4.5mm	7号	7
5mm	6号	H/8